Non bake Cake

日本人氣甜點師教你輕鬆作

好看又好吃的免烤蛋糕

森崎繭香◎著

Introduction

前言

製作甜點是一件很特別的事。
測量材料、動手製作的同時，腦海浮現出享用甜點的人臉上欣喜的表情，是一段讓人心情雀躍的美好時光。
然而，每天都過得這麼忙碌，原本就沒有太多時間能用來作甜點，一旦要作就要一次成功，不想失敗對吧？

本書教你如何充分活用市售商品，大幅縮短製作蛋糕所需的時間，輕鬆作出多種華麗的蛋糕。
使用的模具只有方盤跟調理碗而已！
不需要用到特別的道具及材料，盡可能讓你能輕鬆地製作。裝飾蛋糕時也不需要困難的技巧，只要以湯匙或抹刀，隨興地抹上奶油，再貼上各種水果就完成了。

這樣用心製作出的蛋糕，一定會令人打從心裡喜愛。
請參照本書，開心地製作出專屬於你的方盤蛋糕、圓頂蛋糕。
衷心盼望甜點烘焙能成為更愉悅更快樂的時光！

森崎 繭香

Index

日本人氣甜點師教你輕鬆作 好看又好吃的免烤蛋糕

Bowl Cake

Vat Cake

何謂圓頂蛋糕？何謂方盤蛋糕？

Point 1

不必烘烤，超簡單！

因為不需使用烤箱烘烤，短時間內就能作好蛋糕。
可以將時間集中在裝飾水果、塗抹奶油等有趣的部分。

Point 2

只要有調理碗或方盤就OK！

使用家裡有的調理碗或方形烤盤就能製作！不需要特別準備模具，輕輕鬆鬆就能開始作蛋糕。

Point 3

使用市售的海綿蛋糕或蜂蜜蛋糕，輕鬆又省時！

使用在超市就能簡單買到的材料，作為蛋糕的基底。

Point 4

只要把材料層層疊上去，再塗抹鮮奶油即可完成！

在以市售品組成的蛋糕基底上塗抹鮮奶油，或是淋上芭芭露亞奶凍後放進冰箱冷卻凝固即可，不需要任何困難的技巧！

Point 5

外表也很豪華，多人享用也適合！

雖然是短時間輕鬆作出的蛋糕，外表卻也不同凡響，當作家庭聚會用的一道甜點或伴手禮也很適合！

基本綜合水果
鮮奶油蛋糕

Vat Cake
方盤蛋糕

只要學會基本作法，使用方盤作蛋糕是很簡單的。只要將海綿蛋糕或蜂蜜蛋糕鋪在方盤底部，抹上奶油或芭芭露亞奶凍等內餡，最後在表面塗上奶油、放上水果裝飾就完成了。本篇介紹以簡單的材料作成的基本方盤蛋糕。

材料（21cm×16cm的方形烤盤1個分）

原味海綿蛋糕（直徑15cm）……1/2個

〈打發鮮奶油〉
鮮奶油……200ml
細砂糖……1大匙

〈夾心＆表面裝飾〉
綜合水果（罐頭）……100g（固體分量）
食用銀珠……適量

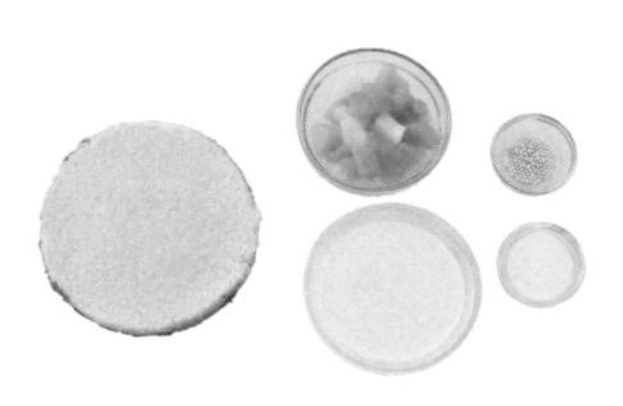

〈 蛋糕基底 〉

海綿蛋糕依厚度切半。

配合方盤形狀切割蛋糕，並鋪滿底部。

〈 夾心＆表面裝飾 〉

以廚房紙巾拭乾綜合水果的水分。

〈 打發鮮奶油 〉

在調理碗裡放入鮮奶油、細砂糖，調理碗底部浸入冰水，以打蛋器打至8分發（p.90）。

〈 組合 〉

將步驟**3**的水果撒在步驟**2**的蛋糕上，再將步驟**4**的鮮奶油抹上。

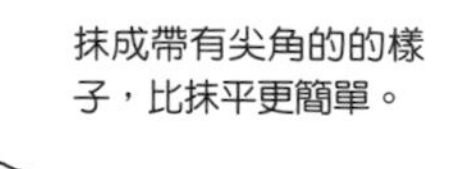

以抹刀稍微用力地抹成尖角狀，放入冰箱冷藏1小時以上。

〈 表面裝飾 〉

撒上食用銀珠。

一下子就完成！

基本綜合水果
鮮奶油蛋糕

以調理碗製作的蛋糕，同樣將海綿蛋糕或蜂蜜蛋糕，依序疊上奶油及水果就能迅速完成。步驟看似比較多而複雜，其實只是重複進行前述的作法而已。只要準備好材料，製作就很簡單。在此介紹基本的圓頂蛋糕作法。

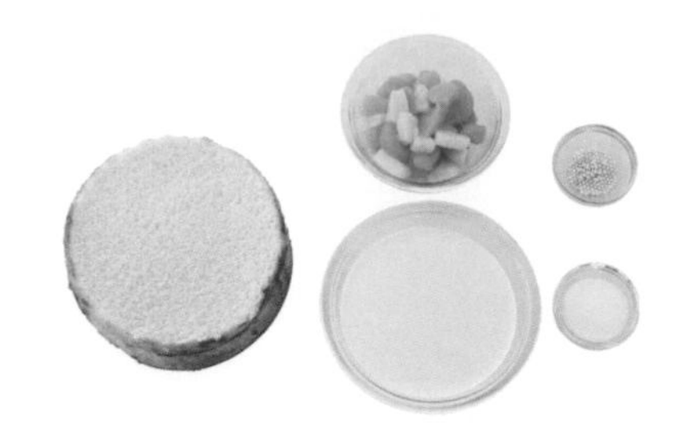

材料（15cm的圓頂蛋糕1個分）

原味海綿蛋糕（直徑15cm）……1個

〈打發鮮奶油〉
鮮奶油……300ml
細砂糖……1又1/2大匙

〈夾心＆表面裝飾〉
綜合水果（罐頭）……150g（固體分量）
食用銀珠……適量

〈蛋糕基底〉

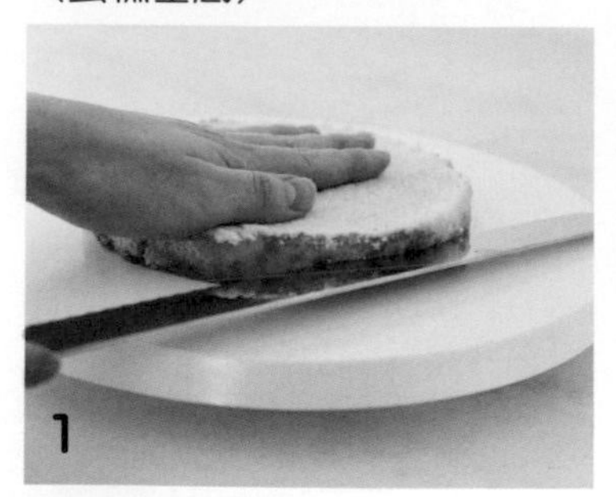

1

海綿蛋糕依厚度切成4等分的圓片。

〈夾心＆表面裝飾〉

2

以廚房紙巾拭乾綜合水果的水分。

〈打發鮮奶油〉

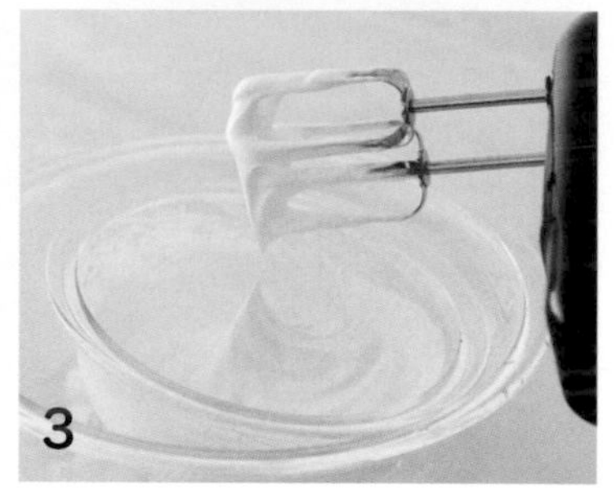

3

在調理碗裡放入鮮奶油、細砂糖，調理碗底部浸入冰水，以打蛋器將鮮奶油打至8分發（p.90）。接著取出1/3分量，放入冰箱冷藏，留待裝飾用。

〈組合〉

4

在調理碗中鋪上超出調理碗長度的保鮮膜（如果保鮮膜的寬度不夠，可以兩張保鮮膜呈十字鋪上）。

5

鋪上一片步驟**1**的海綿蛋糕。將步驟**3**的鮮奶油再分出1/3量，抹在海綿蛋糕上。

6

放入步驟**2**水果的1/3量。

Bowl Cake

圓頂蛋糕

7

以少量鮮奶油填滿綜合水果的縫隙，並迅速抹平。

8

再次疊上一片步驟1的海綿蛋糕，再放上步驟2中1/3量的綜合水果，以少量鮮奶油填滿水果縫隙之後抹平。

9

再次疊上一片步驟1的海綿蛋糕，抹上步驟3中1/3量的鮮奶油，再放上步驟2中1/3量的綜合水果，以少量鮮奶油填滿水果縫隙之後抹平。放上最後一片海綿蛋糕，以手壓緊。

〈表面裝飾〉

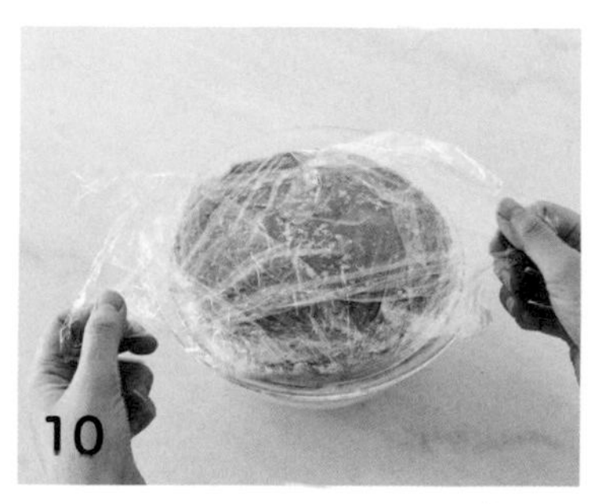

10

以保鮮膜緊密包覆，放入冰箱冷藏1小時以上。

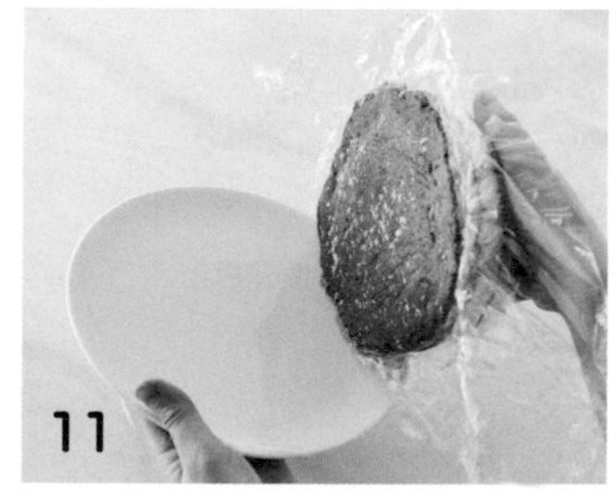

11

將以保鮮膜包住的蛋糕整個從調理碗中取出，掀開保鮮膜後倒扣到盤子上。

12

將步驟3中取出備用的鮮奶油抹上整個蛋糕。

13

以抹刀稍微用力地抹出尖角狀，撒上食用銀珠。

＼完成！／

Strawberry & Raspberry Cake

草莓＆覆盆子
水玉蛋糕

使用大量的打發鮮奶油、草莓及覆盆子作成的鮮奶油蛋糕，一向是最受歡迎的。
大大小小的紅色水玉花紋相當可愛。

材料　15cm的圓頂蛋糕1個分

原味海綿蛋糕
（直徑15cm）……1個

〈打發鮮奶油〉
鮮奶油……300ml
細砂糖……1又1/2大匙

〈夾心＆表面裝飾〉
草莓……20個
覆盆子……15個
食用銀珠（p.94）……適量

作法

1 〈蛋糕基底〉海綿蛋糕依厚度切成4等分的圓片。

2 〈夾心＆表面裝飾〉草莓去蒂，將表面裝飾用的10顆草莓薄切成圓片，其餘夾心用的草莓則縱向切半（較大顆的草莓可切成4等分）。表面裝飾用的5顆覆盆子薄切成圓片，其餘夾心用的覆盆子則不切。

3 〈打發鮮奶油〉在調理碗裡放入鮮奶油、細砂糖，調理碗底部浸入冰水，以打蛋器將鮮奶油打至8分發（p.90）。接著取出1/3分量，放入冰箱冷藏，留待裝飾用。

4 〈組合〉在調理碗中鋪上保鮮膜，鋪上一片步驟**1**的海綿蛋糕。將步驟**3**的鮮奶油再分出1/3量，抹在海綿蛋糕上，夾心用的草莓取出一半分量放入，以少量鮮奶油填滿草莓縫隙，並迅速抹平。

5 再次疊上一片步驟**1**的海綿蛋糕，抹上步驟**3**中1/3量的鮮奶油，再放上夾心用的覆盆子，以少量鮮奶油填滿水果縫隙之後抹平。

6 同樣地，再次疊上一片步驟**1**的海綿蛋糕，抹上步驟**3**中1/3量的鮮奶油，放上剩餘的夾心用草莓，以少量鮮奶油填滿草莓縫隙之後抹平。放上最後一片海綿蛋糕，以手壓緊後，以保鮮膜緊密包覆，放入冰箱冷藏1小時以上。

7 將以保鮮膜包住的蛋糕整個從調理碗中取出，掀開保鮮膜後倒扣到盤子上。

8 〈表面裝飾〉將步驟**3**事先取出備用的鮮奶油抹上整個蛋糕，均衡地貼上裝飾用的草莓及覆盆子，最後撒上食用銀珠即可。

Fig Cream Cake

材料　15cm的圓頂蛋糕1個分

巧克力海綿蛋糕
（直徑15cm）……1個

〈沙巴雍鮮奶油〉
蛋黃……2個
細砂糖……50g
低筋麵粉……40g
瑪薩拉酒（p.94）（或白酒）……
100ml
鮮奶油……200ml

〈夾心＆表面裝飾〉
無花果……4個
蒔蘿……2枝

作法

1　〈蛋糕基底〉巧克力海綿蛋糕依厚度切成4等分的圓片。

2　〈夾心＆表面裝飾〉將無花果切出10片6至7mm厚的圓片，作為表面裝飾用，其餘的無花果作為夾心用，去皮後切成2cm丁狀。

3　〈沙巴雍鮮奶油〉在調理碗裡放入蛋黃、細砂糖，攪拌至變白。過篩低筋麵粉到調理碗裡並迅速攪拌，再少量多次加入瑪薩拉酒後攪拌均勻。

4　將步驟**3**的蛋黃醬隔水加熱，一邊充分攪拌。加熱至以橡膠刮刀舀起後，能以手指畫出線條的濃稠程度（a），將調理碗底浸入冰水中冷卻。

5　在另一個調理碗裡放入鮮奶油，底部浸入冰水後打至9分發。將打發鮮奶油分兩次倒進步驟**4**的蛋黃醬裡攪拌。取出1/3分量，放入冰箱冷藏，留待裝飾用。

6　〈組合〉在調理碗中鋪上保鮮膜，放上一片步驟**1**的海綿蛋糕。抹上步驟**5**鮮奶油的1/3量，再放入1/3量的夾心用無花果，以少量鮮奶油填滿無花果縫隙之後迅速抹平。

7　鋪上一片步驟**1**的海綿蛋糕。抹上步驟**5**鮮奶油的1/3量，再放入1/3量的夾心用無花果，以少量鮮奶油填滿無花果縫隙之後迅速抹平。

8　再重複一次步驟**7**，放上最後一片海綿蛋糕，以手壓緊後，以保鮮膜緊密包覆，放入冰箱冷藏1小時以上。

9　將以保鮮膜包住的蛋糕整個從調理碗中取出，掀開保鮮膜後倒扣到盤子上。

10　〈表面裝飾〉將步驟**5**取出備用的鮮奶油抹上整個蛋糕，均衡地貼上表面裝飾用的無花果，最後以蒔蘿裝飾即可。

無花果沙巴雍
鮮奶油蛋糕

義大利傳統甜點「沙巴雍」也可以作成圓頂蛋糕，
重點是將蛋黃醬作得稍硬一點。
帶有瑪薩拉酒香氣的鮮奶油很有成熟感，搭配無花果更是令人回味！

Strawberry Mousse

草莓慕斯蛋糕

入口即化、酸甜的草莓慕斯。
覆盆子果醬與微苦的巧克力餅乾降低整體甜度。

材料　21cm×16cm的方形烤盤1個分

奶油夾心巧克力餅乾
……80g（約7片）

〈草莓慕斯〉
吉利丁粉……5g
水……2大匙
草莓（去蒂）……果肉250g
細砂糖……30g
鮮奶油……100ml

〈表面裝飾〉
草莓……6個
開心果……3粒
鏡面果膠（p.94）……10g
覆盆子果醬（事先過篩）……30g

a

b

作法

事前準備：吉利丁粉加入材料中的水，膨脹後備用。

1 〈蛋糕基底〉將奶油夾心巧克力餅乾壓碎（a），鋪在方盤底部（b）。

2 〈表面裝飾〉草莓連蒂縱向切半，開心果敲碎。

3 〈草莓慕斯〉將草莓及細砂糖以果汁機打成泥狀，倒入調理碗中。

4 將已膨脹的吉利丁放人微波爐，以600W加熱20秒融解，倒入步驟**3**的調理碗並快速攪拌避免結塊。將調理碗底部浸入冰水，不時攪拌冷卻，讓吉利丁變得濃稠。

5 在另一個調理碗裡放入鮮奶油，調理碗底部浸入冰水，以打蛋器打至7分發（p.90）。

6 將步驟**5**的鮮奶油分2次倒進步驟**4**的調理碗中，以橡膠刮刀輕輕切拌，避免破壞泡沫。

7 〈組合〉將步驟**6**的材料倒入步驟**1**的方盤中，放入冰箱冷藏3小時以上凝固。

8 〈表面裝飾〉蛋糕完全凝固後，將鏡面果膠與覆盆子果醬充分混合，倒上蛋糕表面，以抹刀抹平。最後將步驟**2**的草莓與開心果裝飾上去即可。

Vat Cake

Dark Cherry & Maple Custard Crumble

黑櫻桃
楓糖卡士達
奶酥蛋糕

楓糖風味的卡士達醬與黑櫻桃完美融合，
風味奢華的一道甜點。
特色是以酥粒創造出如派一般的酥脆口感。

材料 21cm×16cm的方形烤盤1個分

千層酥餅乾……50g（12片）

〈楓糖卡士達醬〉
牛奶……300ml
蛋黃……2個
細砂糖……1大匙
楓糖漿……40g
低筋麵粉……30g
奶油（無鹽）……10g

〈夾心〉
黑櫻桃（罐頭）（p.94）……1罐（35粒）

作法

1 〈夾心〉將黑櫻桃的水分拭乾，鋪在方盤底部。

2 〈楓糖卡士達醬〉在耐熱調理碗中放入蛋黃，以打蛋器打散，一次倒入全部的細砂糖並攪拌均勻，待變白後倒入楓糖漿，再次攪拌均勻。

3 過篩加入低筋麵粉後輕輕攪拌，再少量多次加入牛奶，攪拌均勻。

4 不蓋保鮮膜，放入微波爐以600W加熱3分鐘後，取出來以打蛋器快速攪拌，至質地變得柔順後，再次放入微波爐加熱2分鐘，取出攪拌，再放入加熱2分鐘，再取出攪拌，讓質地變得柔順。

5 立刻放入奶油並攪拌融解，在表面緊密包覆上保鮮膜後急速冷卻（調理碗底部浸入冰水，並在保鮮膜上放上保冷劑）。

6 〈組合〉將步驟**5**的材料以橡膠刮刀充分攪拌均勻後，倒入步驟**1**的方盤中，迅速抹平。

7 將千層酥餅乾以手捏碎成粗粒，撒在整個方盤蛋糕上即可。

漩渦
柳橙優格
鮮奶油蛋糕

將兩色的瑞士捲直接鋪進調理碗中，
製作過程十分有趣。
優格鮮奶油與柳橙的酸味能降低甜度，
是一款口味清爽的蛋糕。

Bowl Cake

Orange Yogurt Cream Cake

材料　15cm的圓頂蛋糕1個分

原味瑞士捲切片（市售）
……5片
巧克力瑞士捲切片（市售）
……5片
（各直徑7cm×厚2cm）

〈優格鮮奶油〉
A　水切優格（參照事前準備）
……150g
鮮奶油……100ml
細砂糖……2大匙

〈夾心＆表面裝飾〉
柳橙……1/2個
糖粉……適量

a

b

作法

事前準備：在調理碗上放一個尺寸稍大的竹篩，以兩層廚房紙巾包裹原味優格（約300g）放在竹簍上。蓋上保鮮膜放入冰箱冷藏一晚（a），優格水分瀝乾後重量會剩下一半，約150g。

1. 〈夾心〉柳橙去白膜後切半，拭乾水分。
2. 〈優格鮮奶油〉在調理碗裡放入A料，底部浸入冰水，以打蛋器打至8分發（p.90）。
3. 〈組合〉調理碗底部鋪上保鮮膜，將原味瑞士捲及巧克力瑞士捲切片各放入4片(b)。
4. 將步驟**2**的優格鮮奶油倒入一半分量，並加入步驟**1**的柳橙，再倒入剩餘的優格鮮奶油迅速抹平。擺上剩下的瑞士捲切片後以手壓緊，緊密包覆上保鮮膜，放入冰箱冷藏1小時以上。
5. 將以保鮮膜包住的蛋糕整個從調理碗中取出，掀開保鮮膜後倒扣到盤子上。
6. 〈表面裝飾〉撒上糖粉即可。

Cranberry Butter Cream Cake

蔓越莓奶油霜蛋糕

加入蛋白霜的輕柔奶油霜，內含酸甜的蔓越莓粉！
粉紅色的奶油與馬卡龍餅殼組合成一款華麗的蛋糕。

材料　15cm的圓頂蛋糕1個分

原味海綿蛋糕
（直徑15cm）……1個

〈蔓越莓奶油霜〉
蛋白……2個分（70g）
奶油（無鹽）……200g
糖粉……80g
蔓越莓粉（p.94）……10g

〈表面裝飾〉
馬卡龍餅殼（p.94）……適量

作法

事前準備：奶油回至室溫。

1　〈蛋糕基底〉海綿蛋糕依厚度切成4等分的圓片。

2　〈蔓越莓奶油霜〉參照p.91的作法製作奶油霜。

3　加入蔓越莓粉後攪拌均勻，取出一半分量留作裝飾用。（若天氣炎熱，請先放入冰箱冷藏保存，使用之際再取出回至室溫。）

4　〈組合〉在調理碗中鋪上保鮮膜，鋪上1片步驟**1**的海綿蛋糕，將步驟**3**的奶油霜取1/3量抹在海綿蛋糕上，並迅速抹平。

5　再鋪上1片步驟**1**的海綿蛋糕，將步驟**3**奶油霜再取1/3量抹在海綿蛋糕上，並迅速抹平。

6　重複一次步驟**5**，將最後1片海綿蛋糕鋪上後，以手壓緊，以保鮮膜緊密包覆，放入冰箱冷藏1小時以上。

7　將以保鮮膜包住的蛋糕整個從調理碗中取出，掀開保鮮膜後倒扣到盤子上。

8　〈表面裝飾〉舀起一匙步驟**3**取出備用的蔓越莓奶油霜，塗抹在整個蛋糕上。側面貼上一圈馬卡龍餅殼。將剩餘的蔓越莓奶油霜填入裝上星形花嘴的擠花袋，擠出玫瑰奶油花（p.92）。若馬卡龍餅殼之間有空隙，則在空隙中也擠上小小的奶油花（p.92）即可。

吃不完的
圓頂蛋糕
怎麼辦……？

剩餘的圓頂蛋糕可以切成小塊，以保鮮膜包裹，再放入保鮮袋。可以冷凍保存，要吃的時候不須解凍，直接當作冰淇淋蛋糕享用。可保存2週左右。

蜜漬鳳梨生乳酪蛋糕

以消化餅乾為基底，
展現生乳酪柔滑質地的「王道生乳酪蛋糕」，
以方盤製作也很簡單。
可以加上您喜歡的蜜漬水果。

Cheese Cake with
Marinated Pine Sauce

材料　21cm×16cm的方形烤盤1個分

消化餅乾……50g（6片）

〈生乳酪蛋糕〉
吉利丁粉……5g
水……2大匙
奶油乳酪……200g
細砂糖……30g
原味優格……100g
鮮奶油……100ml
鮮榨檸檬汁……1大匙

〈表面裝飾〉
鳳梨（去皮去芯）
……果肉150g
蜂蜜……20g
蘭姆酒……1小匙

作法

事前準備：吉利丁粉加入分量中的水，膨脹後備用。奶油乳酪回至常溫。

1　〈蛋糕基底〉將消化餅乾捏碎成細塊，鋪在方盤底部。

2　〈表面裝飾〉將鳳梨切成1公分的小丁，放入調理碗中，加入蜂蜜、蘭姆酒後攪拌，表面覆蓋上保鮮膜，放在冰箱30分鐘冷藏蜜漬。

3　〈生乳酪蛋糕〉在調理碗裡放入奶油乳酪，攪拌至柔軟，加入細砂糖後以打蛋器攪拌均勻。依照順序加入原味優格、鮮奶油、檸檬汁後，再繼續攪拌成柔滑狀。

4　將膨脹的吉利丁粉以微波爐600W加熱20秒左右，使其融解，再倒入步驟**3**的調理碗中，並迅速攪拌避免結塊。

5　〈組合〉將步驟**4**的乳酪餡緩緩倒入步驟**1**的方盤中，放入冰箱冷藏3小時後凝固。

6　完全凝固後，放上步驟**2**的蜜漬鳳梨即可。

蜜漬麝香葡萄

麝香葡萄（可連皮吃的品種）
……果肉150g
蜂蜜……20g
白酒……1小匙
蒔蘿……依喜好取適量
※麝香葡萄切半

蜜漬草莓

草莓（去蒂）
……果肉150g
蜂蜜……20g
櫻桃白蘭地（p.94）……1小匙
※草莓切半
（較大顆的草莓縱切成4塊）

蜜漬葡萄柚

紅寶石葡萄柚
（剝去薄膜）……果肉150g
蜂蜜……20g
君度橙酒……1小匙
薄荷葉……依喜好取適量
※葡萄柚瓣切半

※作法同蜜漬鳳梨。

各種不同的
蜜漬水果

表面裝飾除了蜜漬鳳梨，也可以選擇您喜歡的其他水果。
不但能放在生乳酪蛋糕上，也可以搭配原味優格，
或跟馬斯卡彭乳酪一起放在杯子裡，變身成一道時髦的甜點。

Serving Tips

Orange Custard Cream Cake

Bowl Cake ▶ Orange Custard Cream Cake

柳橙卡士達
鮮奶油蛋糕

蛋糕裡充滿香甜柳橙風味、入口即化的卡士達鮮奶油。
手指餅乾上淋了柳橙汁後再組合成蛋糕。

材料 15cm的圓頂蛋糕1個分

手指餅乾……140g（26根）
鮮榨柳橙汁（或市售柳橙汁）……5大匙

〈柳橙卡士達鮮奶油〉
牛奶……200ml
蛋黃……2個
細砂糖……50g
低筋麵粉……20g
奶油（無鹽）……10g
柳橙汁……4大匙（約1/2個柳橙量）
鮮奶油……100ml

〈夾心＆表面裝飾〉
柳橙……1個
薄荷葉……適量
糖粉……適量

作法

1. 〈 蛋糕基底 〉先取出4根手指餅乾備用，其餘的手指餅乾排放在方盤中，淋上柳橙汁浸濕。
2. 〈 夾心＆表面裝飾 〉柳橙去除薄膜，如果柳橙較大，則依厚度切半，取出六瓣留作表面裝飾用，剩餘的柳橙作為夾心用，切半後用拭乾水分。
3. 〈 柳橙卡士達鮮奶油 〉在耐熱調理碗中放入蛋黃，以打蛋器打散，一次倒入所有細砂糖，攪拌至變白。過篩加入低筋麵粉，再少量多次倒入牛奶，攪拌溶解。
4. 不覆蓋保鮮膜，放入微波爐以600W加熱3分鐘。取出以打蛋器快速攪拌，待質地變得柔滑後再次放入微波爐加熱1分鐘，再次取出攪拌，再放入加熱1分鐘，取出攪拌至柔滑。
5. 立刻加入奶油及柳橙汁，攪拌融解，表面緊密蓋上保鮮膜後急速冷卻（底部浸入冰水，保鮮膜上放置保冷劑）。
6. 在另一個調理碗裡放入鮮奶油，底部浸入冰水，以打蛋器打發至9分發。
7. 以橡膠刮刀將步驟**5**輕輕攪散，分兩次倒入步驟**6**的鮮奶油並以打蛋器攪拌。留下1/4量作表面裝飾，放入冰箱冷藏備用。
8. 〈 組合 〉在調理碗底部鋪上保鮮膜，將18根步驟**1**的手指餅乾鋪在調理碗內。倒入一半量的步驟**7**卡士達鮮奶油，再放入夾心用的柳橙，以少量卡士達鮮奶油將縫隙填滿後迅速抹平。排上4根步驟**1**的手指餅乾，再將剩餘的卡士達鮮奶油倒入後抹平。
9. 將未浸泡柳橙果汁的4根手指餅乾排上，以手壓緊，緊密包覆上保鮮膜後，放入冰箱冷藏1小時以上。
10. 將以保鮮膜包住的蛋糕整個從調理碗中取出，掀開保鮮膜後倒扣到盤子上。
11. 〈 表面裝飾 〉將步驟**7**中取出備用的卡士達鮮奶油淋上後輕輕抹平。
12. 將表面裝飾用的柳橙，在蛋糕頂端排放成花朵的形狀，再撒上薄荷葉、糖粉即可。

Apple Pie

蘋果派

帶有淡淡肉桂香的焦糖蘋果，
以及將卡士達醬與打發鮮奶油混合成輕柔的卡士達鮮奶油，
兩者的絕佳搭配，讓人回味無窮。

材料 21cm×16cm的方形烤盤1個分

千層酥餅乾……80g（16片）

〈卡士達鮮奶油〉
牛奶……200ml
香草莢……1/3根
蛋黃……2個
細砂糖……50g
低筋麵粉……20g
奶油（無鹽）……10g
鮮奶油……100ml

〈夾心＆表面裝飾〉
蘋果（紅玉蘋果為佳）
……1個（約300g）
細砂糖……30g
肉桂粉……1/4小匙
奶油（無鹽）……20g

作法

1 〈蛋糕基底〉將千層酥餅乾以手捏成較粗的碎粒，取出1/4量留作表面裝飾用，剩餘的鋪在方盤底部。

2 〈夾心＆表面裝飾〉蘋果去除芯，連皮切成半月形後，再各切成八等分，厚度約7至8mm。

3 在平底鍋裡放入細砂糖，轉中火，待砂糖完全融解後，放入步驟**2**的蘋果（a），以鍋鏟拌炒3至4分鐘直到蘋果軟化。加入肉桂粉、奶油迅速攪拌，熄火後取出1/4量留作表面裝飾用。

4 〈卡士達鮮奶油〉參照p.91製作卡士達醬。

5 另取一個調理碗放入鮮奶油，底部浸入冰水，打發至8分發（p.90）。

6 將步驟**4**的卡士達醬以橡膠刮刀輕輕攪拌，分2次倒入步驟**5**的鮮奶油，以打蛋器攪拌。

7 〈組合〉將步驟**3**的夾心用蘋果放在步驟**1**上，再將步驟**6**的卡士達鮮奶油淋上，迅速抹平。擺上表面裝飾用的千層酥餅乾及蘋果，放入冰箱冷藏1小時以上即可。

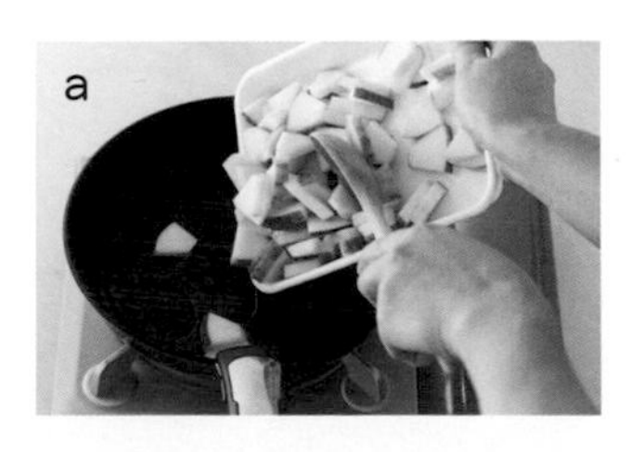
a

Orange Cinnamon Cheese Cream Cake
Melone Mascarpone Cake

柑橘肉桂
乳酪鮮奶油蛋糕

將年輪蛋糕直接鋪上，分量十足。
肉桂風味的乳酪鮮奶油與酸甜的橘子十分對味！

材料　15cm的圓頂蛋糕1個分

年輪蛋糕……300g
（4cm×7cm×厚2.5cm 13個）

〈肉桂乳酪鮮奶油〉
奶油乳酪……100g
細砂糖……2大匙
肉桂粉……1小匙/2
鮮奶油……200ml

〈夾心＆表面裝飾〉
橘子……3個
肉桂棒……1根

作法

事前準備：奶油乳酪回至室溫。

1　〈 蛋糕基底 〉將5個年輪蛋糕依厚度切半，剩餘的年輪蛋糕不切備用。

2　〈 夾心＆表面裝飾 〉橘子去皮後切成7至8mm厚的圓片，取出4至5片留作表面裝飾用，其餘的作為夾心用。

3　〈 肉桂乳酪鮮奶油 〉在調理碗內放入奶油乳酪，攪拌至軟化，加入細砂糖以打蛋器攪拌。

4　依序加入肉桂粉及鮮奶油，攪拌至柔滑之後，打至8分發（p.90）。取出1/3量留作表面裝飾用，放入冰箱冷藏。

5　〈 組合 〉在調理碗內鋪上保鮮膜，將步驟**1**未切過的年輪蛋糕8個鋪在調理碗內。放入一半分量的步驟**4**肉桂乳酪鮮奶油，排上一半分量的夾心用橘子，以少量乳酪鮮奶油填滿縫隙後迅速抹平。

6　擺上3片切過的步驟**1**年輪蛋糕，再倒入剩餘的步驟**4**肉桂乳酪鮮奶油、放上剩餘的夾心用橘子，以少量乳酪鮮奶油填滿縫隙後抹平。

7　擺上7片切過的步驟**1**年輪蛋糕，以手壓緊，以保鮮膜緊密包覆後，放入冰箱冷藏1小時以上。

8　將以保鮮膜包住的蛋糕整個從調理碗中取出，掀開保鮮膜後倒扣到盤子上。

9　〈 表面裝飾 〉淋上步驟**4**中取出備用的肉桂乳酪鮮奶油，迅速塗抹開。擺上表面裝飾用的橘子，將肉桂棒隨意掰開後擺上裝飾即可。

哈密瓜馬斯卡彭
鮮奶油蛋糕

放了滿滿哈密瓜的奢華圓頂蛋糕。
馬斯卡彭鮮奶油的溫和優雅甜味，更能引出哈密瓜的香甜。

材料 15cm的圓頂蛋糕1個分

原味海綿蛋糕
（直徑15cm）……1個

〈馬斯卡彭鮮奶油〉
鮮奶油……200ml
細砂糖……2大匙
馬斯卡彭乳酪……200g

〈夾心＆表面裝飾〉
哈密瓜……果肉200g
薄荷葉……適量

作法

1 〈蛋糕基底〉海綿蛋糕依厚度切成4等分的圓片。

2 〈夾心＆表面裝飾〉將哈蜜瓜以挖球器挖出9個圓球留作表面裝飾（a），剩餘的切成2cm丁狀作為夾心用，拭乾哈密瓜的水分。

3 〈馬斯卡彭鮮奶油〉在調理碗裡放入鮮奶油、細砂糖，調理碗底部浸入冰水，以打蛋器將鮮奶油打至8分發（p.90）。接著放入馬斯卡彭乳酪，以橡膠刮刀攪拌均勻。接著取出1/3分量，放入冰箱冷藏，留待裝飾用。

4 〈組合〉在調理碗中鋪上保鮮膜，鋪上1片步驟**1**的海綿蛋糕。將步驟**3**的馬斯卡彭鮮奶油分出1/3量，並抹在海綿蛋糕上。接著放入夾心用哈密瓜的1/3量，以少量鮮奶油填滿縫隙之後迅速抹平。

5 再次疊上一片步驟**1**的海綿蛋糕片，抹上步驟**3**中1/3量的馬斯卡彭鮮奶油，再放上步驟**2**中1/3量的哈密瓜，以少量鮮奶油填滿縫隙之後抹平。

6 重複一次步驟**5**，放上最後1片海綿蛋糕，以手壓緊。以保鮮膜緊密包覆，放入冰箱冷藏1小時以上。

7 將以保鮮膜包住的蛋糕整個從調理碗中取出，掀開保鮮膜後倒扣到盤子上。

8 〈表面裝飾〉將步驟**3**中事先取出備用的1/3量鮮奶油抹上整個蛋糕。以抹刀從下方開始抹出漩渦般的線條（p.92）。將表面裝飾用的哈密瓜及薄荷葉放上蛋糕頂端即可。

材料 21cm×16cm的方形烤盤1個分

原味海綿蛋糕
（直徑15cm）……1/2個

〈煉乳鮮奶油〉
鮮奶油……200ml
加糖煉乳……40g

〈表面裝飾〉
奇異果（綠色・黃金）……各1又1/2個
鏡面果膠（p.94）……適量
薄荷葉……適量

作法

1 〈蛋糕基底〉海綿蛋糕依厚度切半，依據方盤形狀切割蛋糕並鋪滿底部。

2 〈表面裝飾〉綠色奇異果、黃金奇異果各自去皮後橫切成半，再切成5mm的片狀。

3 〈煉乳鮮奶油〉在調理碗裡放入鮮奶油及加糖煉乳，底部浸入冰水，以打蛋器打至8分發（p.90）。

4 〈組合〉將步驟**3**的煉乳鮮奶油淋在步驟**1**的蛋糕上並抹平。將步驟**2**的奇異果如圖稍微滑開，擺在蛋糕上。如果有可塗上鏡面果膠，放入冰箱冷藏1小時以上後取出，再擺上薄荷葉裝飾即可。

奇異果煉乳鮮奶油蛋糕

甜味濃郁、奶香十足的鮮奶油，和奇異果的酸味搭配得恰到好處。
放上大量雙色奇異果，即完成華麗的蛋糕。

材料　21cm×16cm的方形烤盤1個分

丹麥吐司……
2片（9cm×9cm×厚3cm）

〈紅茶糖漿〉
熱水……4大匙
紅茶葉（伯爵茶等）
……1個茶包分（2g）
細砂糖……1大匙
柳橙利口酒（君度橙酒）（p.94）
……1至1又1/2大匙

〈打發鮮奶油〉
鮮奶油……200ml
細砂糖……1大匙

〈表面裝飾〉
柳橙……1個
藍莓……16粒
細葉香芹……適量

作法

1　〈蛋糕基底〉丹麥吐司依厚度切半，依據方盤形狀切割並鋪滿底部。

2　〈表面裝飾〉柳橙瓣去除薄膜，切半後拭乾水分。

3　〈紅茶糖漿〉將紅茶葉及細砂糖放入容器內，注入熱水後覆蓋上保鮮膜，悶蒸1分鐘左右。掀開保鮮膜大致攪拌，過篩瀝出茶水。稍微放涼後倒入柳橙利口酒，攪拌均勻。

4　〈打發鮮奶油〉調理碗裡放入鮮奶油、細砂糖，將調理碗底部浸入冰水，以打蛋器打至8分發（p.90）。

5　〈組合〉將步驟**3**的紅茶糖漿倒入步驟**1**的方盤中，放上步驟**4**的鮮奶油後迅速抹平。以抹刀切出斜線（p.92），放入冰箱冷藏1小時以上。

6　將步驟**2**的柳橙與藍莓、細葉香芹擺上裝飾即可。

薩瓦蘭蛋糕

將正統是以布里歐麵包作成的薩瓦蘭蛋糕，改以丹麥吐司作成方盤蛋糕。
帶有柳橙利口酒香氣的紅茶糖漿充分滲入麵包內層，是一款成熟風味的蛋糕。

Peach Yogurt Mousse

桃子優格
慕斯蛋糕

優格慕斯上盛開著小小玫瑰，
華麗的雙層蛋糕。
白酒風味桃子果凍，
讓濃郁的優格慕斯變得清爽了！

材料
17cm×17cm×深5cm的
保存容器1個分：容量約1000ml

手指餅乾……70g（13根）

〈優格慕斯〉
吉利丁粉……5g
水……2大匙
原味優格……200g
細砂糖……30g
鮮奶油……100ml

〈桃子果凍〉
吉利丁粉……2.5g
水……1大匙
桃子……3個（約650g）
A
細砂糖……150g
白酒……100ml
水……300ml
鮮榨檸檬汁……1大匙

作法

事前準備：優格慕斯用及桃子果凍用的吉利丁粉，分別加入分量內的水，膨脹後備用。

1 〈蛋糕基底〉將手指餅乾鋪在保存容器內。

2 〈優格慕斯〉在調理碗裡放入優格及細砂糖，仔細攪拌均勻。將吸水膨脹後的吉利丁以微波爐600W加熱20秒左右融解，再取出迅速攪拌避免結塊。

3 另取一個調理碗放入鮮奶油，底部浸入冰水，以打蛋器打至7分發（p.90）。

4 將步驟**3**的鮮奶油分兩次倒入步驟**2**，以橡膠刮刀切拌混合，避免消泡。

5 〈組合〉將步驟**4**的優格慕斯倒入步驟**1**的保存容器內，放入冰箱冷藏3小時以上凝固。

6 〈桃子果凍〉輕輕洗去桃子表面的絨毛，將刀子切入連皮的桃子中心沿著果核劃一圈，再以兩手扭轉一下，將桃子分成兩半，以刀子或湯匙將果核取出。

7 將步驟**6**的桃子排放在鍋子中，加入A料（a），覆蓋上廚房紙巾，以中火加熱。

8 沸騰後改以小火煮約3分鐘，將桃子翻面，再繼續煮約3至5分鐘（b）。將桃子皮撈起（在燉煮期間桃子皮會自然脫落），熄火並放涼。

9 將桃子切成3mm厚的片狀，排成花的形狀（c），擺放在已完全凝固的步驟**5**慕斯上。

10 將步驟**8**的煮汁100ml倒入小鍋，並加進3大匙的水（分量外），開火加熱至60℃後熄火，倒入已事先膨脹備用的吉利丁中使其融解。

11 將小鍋底部浸入冰水冷卻，待湯汁變濃稠後，緩緩倒進步驟**9**的保存容器中，放入冰箱冷藏2小時以上凝固即可。

a

b

c

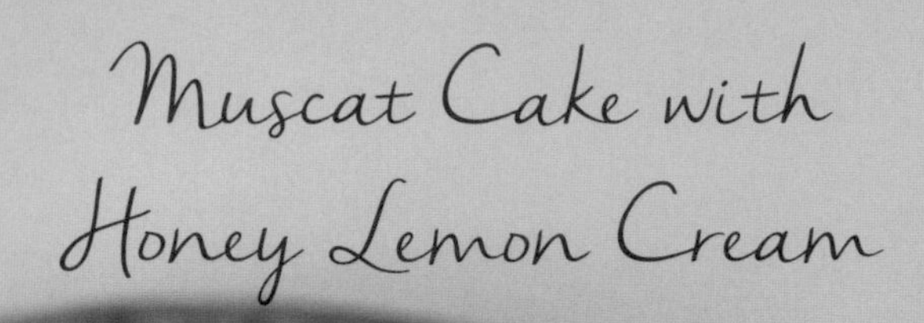
Muscat Cake with
Honey Lemon Cream

Lemon Custard
Bavarian Cream

麝香葡萄
蜂蜜檸檬鮮奶油蛋糕

以檸檬的黃色搭配麝香葡萄的綠色，是一款充滿清爽感的蛋糕。
蜂蜜檸檬鮮奶油的溫和甜味，能中和蜂蜜蛋糕的甜度。

材料　15cm的圓頂蛋糕1個分

蜂蜜蛋糕……200g
（6.5cm×5.5cm×厚2.5cm 6塊）

〈蜂蜜檸檬鮮奶油〉
鮮奶油……300ml
蜂蜜漬檸檬（參照事前準備）
糖漿……3大匙

〈夾心＆表面裝飾〉
蜂蜜漬檸檬（參照事前準備）
……7至8片
麝香葡萄（可連皮吃的品種）
……20粒
細葉香芹……適量

〈蜂蜜漬檸檬〉
檸檬……1個
蜂蜜……100g

作法

事前準備：〈蜂蜜漬檸檬〉檸檬以少許鹽（分量外）搓過後以水洗淨，切成2mm厚的圓片，放入保存容器，倒入蜂蜜，放進冰箱冷藏一晚充分浸漬（a）。

1　〈蛋糕基底〉蜂蜜蛋糕依厚度切半。

2　〈夾心＆表面裝飾〉拭乾蜂蜜漬檸檬的水分。麝香葡萄切半，取1/2量作為表面裝飾用，其餘的作為夾心用。

3　〈蜂蜜檸檬鮮奶油〉在調理碗裡放入鮮奶油、蜂蜜漬檸檬的糖漿，在底部浸入冰水，以打蛋器打至8分發（p.90），取1/3量留作表面裝飾用，放入冰箱冷藏。

4　〈組合〉在調理碗裡鋪上保鮮膜，將7塊步驟**1**的蜂蜜蛋糕鋪滿在碗底。倒入一半分量的步驟**3**，放上一半量的夾心用麝香葡萄，以少量鮮奶油填滿麝香葡萄縫隙並抹平。

5　再次疊上2片步驟**1**的蜂蜜蛋糕（配合調理碗形狀再稍微切過）放上剩餘的夾心用麝香葡萄，以少量鮮奶油填滿麝香葡萄縫隙之後抹平。最後放上3片步驟**1**的蜂蜜蛋糕（配合調理碗形狀再稍微切過）以手壓緊後以保鮮膜緊密包覆，放入冰箱冷藏1小時以上。

6　將以鮮膜包住的蛋糕整個從調理碗中取出，掀開保鮮膜後倒扣到盤子上。

7　〈表面裝飾〉將步驟**3**中事先取出備用的1/3量鮮奶油抹上整個蛋糕。以抹刀從下方開始抹出漩渦般的線條（p.92），將表面裝飾用的麝香葡萄、蜂蜜檸檬片排放成螺旋狀，放上細葉香芹裝飾即可。

a

蜂蜜漬檸檬如果有剩下，
可以加進紅茶中，
或以蘇打水稀釋後飲用也很棒。

檸檬卡士達
芭芭露亞蛋糕

加入鮮榨檸檬汁及檸檬皮，酸甜好吃的蛋糕。
待芭芭露亞醬變得相當濃稠後再倒在蛋糕上，就能作得很漂亮。

材料　21cm×16cm的方形烤盤1個分

千層酥餅乾……50g（10片）

〈檸檬卡士達芭芭露亞奶凍〉
吉利丁粉……5g
水……2大匙
牛奶……200ml
蛋黃……2個
細砂糖……50g
磨碎的檸檬皮
……1個分（1/2大匙）
鮮榨檸檬汁……2大匙
鮮奶油……100ml

〈表面裝飾〉
檸檬（切成2mm厚度的薄片）
……7至8片

作法

事前準備：吉利丁粉加入分量內的水，膨脹後備用。

1 〈蛋糕基底〉將千層酥餅乾捏碎，鋪在方盤底部。

2 〈檸檬卡士達芭芭露亞奶凍〉在小鍋裡放入牛奶，開火後加熱到即將沸騰時關火，加入膨脹的吉利丁融化。

3 在調理碗裡放入蛋黃，以打蛋器打散，一次倒入所有細砂糖，攪拌至變白，少量多次將步驟**2**的材料倒入溶開。調理碗底部浸入冰水，倒入檸檬皮碎屑及鮮榨檸檬汁，攪拌至出現濃稠感並冷卻。

4 另取一個調理碗放入鮮奶油，打至7分發（p.90），分2次倒進步驟**3**的調理碗中，以橡膠刮刀攪拌均勻。

5 〈組合〉將步驟**4**的材料緩緩倒進步驟**1**的方盤中，放入冰箱冷藏2至3小時以上凝固。

6 〈表面裝飾〉將檸檬片的皮與白色部分，於1/3處切下（a），打結（b），放在完全凝固的步驟**5**蛋糕上裝飾即可。

a

b

巨峰葡萄＆荔枝
慕斯蛋糕

濃厚的荔枝慕斯，與清爽的巨峰葡萄果凍結合成雙層蛋糕。
美麗的顏色對比，很適合在聚會的時候製造驚喜。

Grape & Lychee Mousse

材料　21cm×16cm的方形烤盤1個分

〈荔枝慕斯〉
吉利丁粉……2.5g
水……1大匙
巨峰葡萄（無籽）（p.94）……100g
細砂糖……2大匙
鮮奶油……200ml

〈巨峰果凍〉
吉利丁粉……2.5g
水……1大匙
巨峰葡萄（無籽）……15個
葡萄汁（100%純果汁）
……150ml
細砂糖……1/2大匙

作法

事前準備：荔枝慕斯及巨峰果凍用吉利丁粉，各自加入分量內的水，膨脹後備用。

1. 〈荔枝慕斯〉在調理碗裡放入荔枝泥、細砂糖後充分攪拌均勻。將膨脹的吉利丁放入微波爐，以600W加熱約10秒融解，倒入調理碗，迅速攪拌避免結塊。
2. 另取一個調理碗放入鮮奶油，底部浸入冰水，打至7分發（p.90）。
3. 將步驟**2**的鮮奶油分2次倒入步驟**1**的調理碗中，以橡膠刮刀切拌混合，避免消泡。
4. 〈組合〉將步驟**3**的材料倒入方盤，放入冰箱冷藏3小時以上凝固。
5. 〈巨峰果凍〉巨峰葡萄剝皮，切半。
6. 在小鍋裡放入葡萄果汁、細砂糖，以中火加熱至60℃後熄火，倒入膨脹的吉利丁後攪拌融化。
7. 將小鍋底部浸入冰水，使果凍液冷卻後產生稠度，再將果凍液緩緩倒入已經完全凝固的步驟**4**方盤中，擺上步驟**5**的葡萄，放入冰箱冷藏3小時以上凝固即可。

Mango Coconut Panna Cotta

芒果椰子奶凍

椰子奶酥餅乾疊上椰奶凍的濃郁蛋糕，
再放上滿滿的芒果，是一款外表也很豪華的方盤蛋糕。

材料　21cm×16cm的方形烤盤1個分

椰子奶酥餅乾……50g（10片）
奶油（無鹽）……30g

〈椰奶凍〉
吉利丁粉……5g
水……2大匙
椰奶粉（p.94）……50g
細砂糖……40g
水……100ml
牛奶……150ml
鮮奶油……100ml

〈芒果大理石奶油〉
鮮奶油……100ml
細砂糖……1/2大匙
芒果（罐頭）……1片（40g）

〈表面裝飾〉
芒果（罐頭）……4片（160g）

作法

事前準備：吉利丁粉加入分量內的水2大匙，膨脹後備用。

1　〈蛋糕基底〉將椰子奶酥餅乾捏成細碎狀。奶油放入微波爐，以600W加熱1分鐘左右，再倒入椰子奶酥餅乾混勻。整體質地變得濃稠之後，倒入並鋪滿方盤底部。

2　〈表面裝飾〉芒果切成厚度2至3mm片狀，並拭乾水分。

3　〈椰奶凍〉在小鍋裡放入椰奶粉、細砂糖後攪拌，少量多次倒入分量中的水100ml稀釋溶解。加入牛奶、鮮奶油後，以中火加熱，一邊攪拌。待溫度達到60℃左右後熄火，倒入已膨脹的吉利丁，攪拌融解。

4　將鍋底浸入冰水，不時攪拌使奶凍液冷卻變濃稠為止。

5　〈組合〉將步驟**4**的奶凍液倒入步驟**1**的方盤中，放入冰箱冷藏3小時凝固。

6　〈芒果大理石奶油〉以攪拌器將芒果攪拌成泥狀。

7　在調理碗裡放入鮮奶油及細砂糖，底部浸入冰水，以打蛋器打至8分發（p.90）。

8　將步驟**7**的奶油與步驟**6**的芒果泥，交錯放入裝有星形花嘴的擠花袋裡（a），在完全凝固的步驟**5**蛋糕上，由外往內擠出兩列波浪狀奶油花。方盤的短邊則擠出螺旋狀的玫瑰擠花（p.92），在中央排放上步驟**2**的芒果片即可。

Blueberry & White Chocolate Cream Cake

Passion Mousse

Bowl Cake ▶ Blueberry & White Chocolate Cream Cake

藍莓白巧克力鮮奶油蛋糕

濃厚的白巧克力鮮奶油加入酸甜的藍莓鮮奶油，
口感均衡的美味蛋糕。
擠藍莓奶油花要從底部開始一圈一圈擠上，
盡量力道一致，才能擠出相同大小的奶油花喔！

材料 15cm的圓頂蛋糕1個分

原味海綿蛋糕
（直徑15cm）……1個

〈白巧克力鮮奶油〉
白巧克力……90g
鮮奶油……150ml

〈藍莓奶油〉
鮮奶油……150ml
藍莓果醬（事先過篩）……40g
藍莓利口酒（p.94）
……（若有）1小匙

〈夾心〉
藍莓……30個

作法

1 〈蛋糕基底〉海綿蛋糕依厚度切成4等分的圓片。

2 〈白巧克力鮮奶油〉在調理碗裡放入掰開的白巧克力，隔水加熱融解。

3 少量多次加入鮮奶油後，以打蛋器攪拌均勻，底部浸入冰水，打至8分發（p.90）。

4 〈組合〉在調理碗中鋪上保鮮膜，鋪上1片步驟**1**的海綿蛋糕。將步驟**3**的鮮奶油1/3量抹在海綿蛋糕上，放上1/3量的藍莓，以少量鮮奶油填滿藍莓縫隙之後迅速抹平。

5 再次疊上一片步驟**1**的海綿蛋糕片，抹上步驟**3**中1/3量的鮮奶油，再放上1/3量的藍莓，以少量鮮奶油填滿藍莓縫隙之後抹平。

6 重複一次步驟**5**，放上最後1片海綿蛋糕，以手壓緊。以保鮮膜緊密包覆，放入冰箱冷藏1小時以上。

7 將用以保鮮膜包住的蛋糕整個從調理碗中取出，掀開保鮮膜後倒扣到盤子上。

8 〈藍莓鮮奶油〉在調理碗裡放入鮮奶油、藍莓果醬，再倒入藍莓利口酒，底部浸入冰水，打至8分發。將藍莓鮮奶油放進裝好星形花嘴的擠花袋中，在整個蛋糕表面擠上小奶油花（p.92）即可。

Bowl Cake ▶ Passion Mousse

百香果慕斯蛋糕

酸甜的百香果慕斯上覆蓋著白巧克力。
放上食用花卉與迷迭香，完成高雅的蛋糕。

材料 15cm的圓頂蛋糕1個分

原味海綿蛋糕
（直徑15cm）……1個

〈百香果慕斯〉
吉利丁粉……5g
水……2大匙
百香果泥（p.94）
……100g
細砂糖……2大匙
鮮奶油……150ml

〈表面裝飾〉
白巧克力（沾裹用）……150g
食用花卉（p.94）……適量
迷迭香……適量

作法

事前準備：吉利丁粉加入分量內的水，膨脹後備用。

1. 〈蛋糕基底〉海綿蛋糕依厚度切成4等分的圓片。
2. 〈百香果慕斯〉在調理碗裡放入百香果泥及細砂糖，充分攪拌均勻。將膨脹的吉利丁放入微波爐，以600W加熱約20秒融解，倒入調理碗後迅速攪拌，避免結塊。
3. 另取一個調理碗放入鮮奶油，底部浸入冰水，以打蛋器打至8分發（p.90）。
4. 將步驟**3**的鮮奶油分兩次倒入步驟**2**的調理碗中，以橡膠刮刀切拌，避免結塊。
5. 〈組合〉在調理碗中鋪上保鮮膜，鋪上1片步驟**1**的海綿蛋糕。將步驟**4**慕斯的1/3量倒入並迅速抹平。
6. 依序放入一片步驟**1**的海綿蛋糕片、倒入步驟**4**中1/3量的慕斯、再放上一片步驟**1**的海綿蛋糕片、再倒入步驟**4**中1/3量的慕斯。完成此程序後，放上最後1片海綿蛋糕，以手壓緊後，以保鮮膜緊密包覆，放入冰箱冷藏3小時以上。
7. 將以保鮮膜包住的蛋糕整個從調理碗中取出，掀開保鮮膜後倒扣到盤子上。
8. 〈表面裝飾〉將白巧克力切碎後隔水加熱融解，一口氣倒在步驟**7**的蛋糕上，再放上食用花卉及迷迭香裝飾即可。

Mille Crepe Cake

千層可麗餅蛋糕

乍聽之下似乎很困難，其實只要將餅皮疊放進方盤中就能輕鬆完成。
本篇介紹的是以微波爐製作的可麗餅，當然也可以使用平底鍋製作。
表面裝飾可以使用任何您喜歡的水果。

材料 16cm×12cm×深7cm的玻璃容器1個分

〈可麗餅〉
低筋麵粉……40g
細砂糖……20g
全蛋液……1個分
牛奶……4大匙
奶油（無鹽）……20g

〈卡士達鮮奶油〉
牛奶……200ml
香草莢……1/3根
蛋黃……2個
細砂糖……50g
低筋麵粉……20g
奶油（無鹽）……10g
鮮奶油……200ml
細砂糖……1/2大匙

〈夾心＆表面裝飾〉
洋梨（切半・罐頭）……2片
奇異果……1個
橘子（罐頭）……30片
蘋果……1/16個

a

b

作法

事前準備：將奶油裝入耐熱容器後，放入微波爐以600W加熱40秒融解。

1 〈可麗餅〉在調理碗裡放入低筋麵粉、細砂糖，以打蛋器充分攪拌，打入空氣。倒入全蛋液，少量多次加入牛奶後，攪拌均勻，倒入融化的奶油後過篩。覆蓋上保鮮膜，放入冰箱讓麵糊休息30分鐘左右。

2 在直徑25cm左右的耐熱容器上鋪上保鮮膜，放上1大匙步驟**1**的麵糊，並以湯匙抹開（a），放入微波爐以600W加熱1分鐘。重複以上動作直到麵糊全部使用完畢（可作約8至9片可麗餅）。

3 〈夾心＆表面裝飾〉將西洋梨切成2cm丁狀。奇異果去皮，切成5mm的半月形薄片，取出6片留作表面裝飾用。橘子取9片留作表面裝飾用。蘋果斜切成厚度2至3mm的薄片，留作為表面裝飾用。

4 〈卡士達鮮奶油〉參照p.91製作卡士達醬。

5 另取一個調理碗，放入鮮奶油及細砂糖1/2大匙，底部浸入冰水，以打蛋器打至8分發（p.80）。取出1/4量作為表面裝飾，放入冰箱冷藏備用。

6 以橡膠刮刀輕輕將步驟**4**的卡士達醬攪散，分2次倒入步驟**5**的鮮奶油，每次都打蛋器攪拌均勻。

7 〈組合〉將步驟**2**的可麗餅切成容器大小，一次兩片放入容器（b），倒入步驟**6**卡士達鮮奶油的1/3量，抹平後放上西洋梨。

8 同樣疊上步驟**2**的可麗餅、倒入步驟**6**卡士達鮮奶油的1/3量、放上奇異果。再疊上一片可麗餅、倒入剩餘的步驟**6**、疊上橘子，放上最後1片可麗餅皮後以手壓緊。

9 將步驟**5**冷藏備用的卡士達鮮奶油，放進裝好星形花嘴的擠花袋中，在周圍擠出2列小小的奶油花（p.92）。放上步驟**3**切好的奇異果、橘子及蘋果作為表面裝飾即可。

Bear Cake
Bunny Cake

熊熊蛋糕

香蕉巧克力蛋糕以市售餅乾裝飾，
作出傻呼呼的熊熊。
只要搭配不同顏色的打發鮮奶油，
就能變身成白熊或貓熊。

材料 15cm的圓頂蛋糕1個分

原味海綿蛋糕
（直徑15cm）……1個

〈巧克力鮮奶油〉
巧克力（甜）……150g
鮮奶油……300ml

〈夾心＆表面裝飾〉
香蕉……1根
奶油夾心巧克力餅乾
……2個
芝麻餅乾……1片
杏仁片……2片
巧克力筆（黑色・粉紅色）（p.94）
……各1根

作法

1. 〈蛋糕基底〉海綿蛋糕依厚度切成4等分的圓片。
2. 〈夾心〉香蕉去皮切成5mm厚的圓片。
3. 〈巧克力鮮奶油〉在調理碗裡放入掰開的巧克力，隔水加熱融解。少量多次倒入鮮奶油，以打蛋器攪拌均勻，底部浸入冰水，打至8分發（p.90）。接著取出1/4量作為表面裝飾用，放入冰箱冷藏備用。
4. 〈組合〉在調理碗中鋪上保鮮膜，鋪上1片步驟**1**的海綿蛋糕。將步驟**3**的鮮奶油1/3量抹在海綿蛋糕上，放入步驟**2**香蕉的1/3量，以少量鮮奶油填滿香蕉的縫隙之後迅速抹平。
5. 再次疊上1片步驟**1**的海綿蛋糕片，抹上步驟**3**鮮奶油的1/3量，再放上步驟**2**香蕉的1/3量，以少量鮮奶油填滿香蕉縫隙之後抹平。
6. 重複一次步驟**5**，放上最後1片海綿蛋糕，以手壓緊，再以保鮮膜緊密包覆，放入冰箱冷藏1小時以上。
7. 將以保鮮膜包住的蛋糕整個從調理碗中取出，掀開保鮮膜後倒扣到盤子上。
8. 〈表面裝飾〉步驟**3**中取出備用的鮮奶油，如果變硬就隔水加熱，並再次以打蛋器打至8分發（p.90），打發後抹上整個蛋糕，再以抹刀抹平。
9. 貼上杏仁片作眼睛，以巧克力筆（黑色）描繪出黑眼珠，在芝麻餅乾上以巧克力筆（黑色）描繪出鼻子。以刀在蛋糕上耳朵的位置畫上小小的刻痕，然後插上奶油夾心巧克力餅乾。最後以巧克力筆（粉紅色）畫出臉頰即可。

兔兔蛋糕

加入好多櫻桃跟黃桃的可愛兔兔蛋糕。
是戴上櫻桃耳飾的小女生。
放久了耳朵可能會倒下，因此在端出蛋糕的前一刻再裝上比較好喔！

材料　15cm的圓頂蛋糕1個分

原味海綿蛋糕
（直徑15cm）……1個

〈打發鮮奶油〉
鮮奶油……400ml
細砂糖……2大匙

〈夾心＆表面裝飾〉
櫻桃（罐頭）……10個
黃桃（切半・罐頭）……3片
奶油夾心巧克力餅乾
（迷你尺寸）……2個
年輪蛋糕棒……2根
巧克力筆（白色・粉紅色）（p.94）
……各1根
咖啡豆巧克力……1個

作法

1. 〈蛋糕基底〉海綿蛋糕依厚度切成4等分的圓片。
2. 〈夾心＆表面裝飾〉櫻桃全部去梗，取出2粒作為表面裝飾備用，剩餘的均切半去籽作為夾心用。黃桃切成2cm丁狀。
3. 〈打發鮮奶油〉在調理碗裡放入鮮奶油、細砂糖，底部浸入冰水，以打蛋器打至8分發（p.90）。接著取出一半量作為表面裝飾用，放入冰箱冷藏備用。
4. 〈組合〉在調理碗中鋪上保鮮膜，鋪上1片步驟**1**的海綿蛋糕。將步驟**3**的鮮奶油的1/3量抹在海綿蛋糕上，放入一半量的黃桃，以少量鮮奶油填滿黃桃的縫隙之後迅速抹平。
5. 再次疊上一片步驟**1**的海綿蛋糕片，抹上步驟**3**鮮奶油的1/3量，再放上夾心用的櫻桃，以少量鮮奶油填滿櫻桃縫隙之後抹平。
6. 同樣鋪上1片步驟**1**的海綿蛋糕、將步驟**3**鮮奶油的1/3量抹在海綿蛋糕上，放入剩餘的黃桃，以少量鮮奶油填滿黃桃的縫隙之後迅速抹平。放上最後1片海綿蛋糕，以手壓緊，再以保鮮膜緊密包覆，放入冰箱冷藏1小時以上。
7. 將以保鮮膜包住的蛋糕整個從調理碗中取出，掀開保鮮膜後倒扣到盤子上。
8. 〈表面裝飾〉將步驟**3**取出備用的鮮奶油，放進裝好星形花嘴的擠花袋裡，在整個蛋糕表面擠上滿滿的小奶油花（p.92）。
9. 在奶油夾心巧克力餅乾上，以隔水加熱過的巧克力筆（白色）畫上眼睛的光輝，然後將餅乾貼上蛋糕。以巧克力筆（粉紅色）在年輪蛋糕棒上畫上耳朵內裡，以刀在蛋糕上耳朵的位置畫上小小的刻痕，再插上年輪蛋糕棒。
10. 將咖啡豆巧克力貼在鼻子的位置，將表面裝飾用的櫻桃貼在耳朵旁當作耳飾即可。

Non bake Cake

+1 idea

活用剩下的蜂蜜蛋糕＆海綿蛋糕

作為蛋糕基底的蜂蜜蛋糕或海綿蛋糕，有時也會剩下一點點，
這時可以作成蛋糕脆餅，或搭配水果及果醬組合成杯子甜點，
馬上變身為另一道點心。

蜂蜜蛋糕脆餅

材料

蜂蜜蛋糕（6.5cm×5.5cm×厚2.5cm）……適量

作法

事前準備：烤箱預熱至130℃。

1 將蜂蜜蛋糕依厚度切3等分，排放在烤盤上。
2 放入烤箱以130℃烘烤15分鐘左右。烘烤完成後不要馬上打開烤箱門，放置10分鐘左右讓蛋糕乾燥。
3 放在鐵網上散熱10分鐘左右，讓蛋糕變得酥脆即完成。

海綿蛋糕脆餅

（砂糖奶油口味）

材料

原味海綿蛋糕（直徑15cm）……1/4個（厚度1cm）
細砂糖……1/2大匙
奶油（無鹽）……15g

作法

事前準備：烤箱預熱至130℃。

1 將海綿蛋糕切成容易入口的大小，排放在烤盤上。
2 撒上細砂糖，將切成適當大小的奶油放在步驟**1**的蛋糕片上。
3 放入烤箱以130℃烘烤15分鐘左右。烘烤完成後不要馬上打開烤箱門，放置10分鐘左右讓蛋糕變乾燥。
4 放在鐵網上散熱10分鐘左右，讓蛋糕變得酥脆即完成。

莓果聖代

材料　容量110ml的聖代杯1個分

蜂蜜蛋糕、海綿蛋糕……15g
原味優格……30g
覆盆子……3個
鮮奶油……50ml
覆盆子果醬……1/2大匙
草莓……3個
草莓冰淇淋……40ml
細砂糖……1小匙

作法

1 將蜂蜜蛋糕（或海綿蛋糕）切成約1.5cm丁狀。取1/2粒草莓留作表面裝飾用，其餘的草莓去蒂切半。覆盆子切半。
2 在調理碗裡放入鮮奶油及細砂糖，底部浸入冰水，以打蛋器打至8分發（p.90），填入裝好星形花嘴的擠花袋中。
3 在玻璃杯裡依序放入覆盆子果醬、優格，放入步驟**1**的蜂蜜蛋糕。
4 擠上步驟**2**的奶油，排放上草莓及覆盆子。
5 放上草莓冰淇淋，擠上鮮奶油，放上步驟**1**的裝飾用草莓即完成。

Bowl Cake

Green Tea & Red Bean Cream Cake

材料　15cm的圓頂蛋糕1個分

蜂蜜蛋糕……200g
（6.5cm×5.5cm×厚2.5cm 6塊）

〈紅豆鮮奶油〉
鮮奶油……200ml
煮紅豆（罐頭）……100g（1/2罐）

〈抹茶鮮奶油〉
鮮奶油……100ml
細砂糖……1/2大匙
抹茶粉（p.94）……2g（1小匙）

〈表面裝飾〉
捲巧克力……5根
抹茶粉……適量

作法

1 〈蛋糕基底〉蜂蜜蛋糕每片依厚度切成兩半。

2 〈紅豆鮮奶油〉在調理碗裡放入鮮奶油、煮紅豆，調理碗底部浸入冰水，以打蛋器將鮮奶油打至8分發（p.90）。

3 〈抹茶鮮奶油〉在調理碗裡放入鮮奶油及細砂糖，過篩加入抹茶粉，調理碗底部浸入冰水，以打蛋器將鮮奶油打至8分發（p.90），放入冰箱冷藏。

4 〈組合〉在調理碗中鋪上保鮮膜，鋪上7片步驟**1**的蜂蜜蛋糕。將步驟**2**的鮮奶油一半分量倒入，迅速抹平。再放上2片步驟**1**的蜂蜜蛋糕（配合調理碗形狀可再切過），倒入剩下的步驟**2**紅豆鮮奶油，抹平。

5 最後再放上3片步驟**1**的蜂蜜蛋糕（配合調理碗形狀可再切過），以手壓緊，再以保鮮膜緊密包覆，放入冰箱冷藏1小時以上。

6 將以保鮮膜包住的蛋糕整個從調理碗中取出，掀開保鮮膜後倒扣到盤子上。

7 〈表面裝飾〉將步驟**3**的抹茶鮮奶油均勻塗抹在整個蛋糕上，以湯匙壓出浪花造型（p.92），頂端放上捲巧克力裝飾，再以篩子撒上抹茶粉即可。

抹茶紅豆鮮奶油蛋糕

蜂蜜蛋糕搭配紅豆鮮奶油及抹茶鮮奶油，
充滿日本風味的蛋糕。
最適合在新年或敬老日跟大家一起享用。

Vat Cake

Roasted Green Tea Cream Cake with Maron

栗子焙茶蛋糕

香味高雅的焙茶鮮奶油搭配栗子澀皮煮，溫潤別緻的一款蛋糕。
如果完成後馬上就要享用，可以將基底的手指餅乾浸入泡得較濃的焙茶，
味道與焙茶鮮奶油融合，非常美味。

材料　21cm×16cm的方形烤盤1個分

手指餅乾……70g（13根）

〈焙茶鮮奶油〉

A
- 鮮奶油……300ml
- 細砂糖……1又1/2大匙
- 焙茶粉（p.94）……5g（1大匙）

〈表面裝飾〉

栗子澀皮煮……3個

1. 〈蛋糕基底〉將手指餅乾鋪滿方盤底部。
2. 〈表面裝飾〉將栗子澀皮煮切半（大顆栗子則切4等分）。
3. 〈焙茶鮮奶油〉在調理碗裡放入A料，底部浸入冰水，以打蛋器打至8分發（p.90）。
4. 〈組合〉將步驟**3**鮮奶油的3/4量倒入步驟**1**的方盤中，抹平。
5. 以湯匙舀起剩餘的奶油，放在蛋糕上呈4個突起（p.92）。放上步驟**2**的栗子，放入冰箱冷藏1小時以上即可。

紅茶奶油霜蛋糕

加入蛋白霜的輕盈口感奶油霜，
裡面添加紅茶粉，風味更加豐富，
是經典的蛋糕口味。
以奶油畫上小花，外表相當高雅。
泡杯美味的紅茶，一同品嘗優雅的午茶時光吧！

材料　15cm的圓頂蛋糕1個分

原味海綿蛋糕
（直徑15cm）……1個

〈紅茶奶油霜〉
蛋白……2個分（70g）
奶油（無鹽）……200g
糖粉 ……80g
紅茶粉（p.94）……5g
（若使用紅茶葉，則需要2個茶包分）

作法

事前準備：奶油回至室溫。

1 〈蛋糕基底〉海綿蛋糕依厚度切成4等分的圓片。

2 〈紅茶奶油霜〉參照p.91製作奶油霜。

3 加入紅茶粉，攪拌均勻。取出1/3量留作表面裝飾用（炎熱的季節可先放入冰箱保存，使用前再回至室溫）。

4 〈組合〉在調理碗中鋪上保鮮膜，放上1片步驟**1**的海綿蛋糕。將步驟**3**紅茶奶油霜的1/3量倒上後抹平。

5 再次疊上1片步驟**1**的海綿蛋糕片，倒上步驟**3**紅茶奶油霜的1/3量，抹平。

6 再重複一次步驟**5**後，疊上最後1片海綿蛋糕片，以手壓緊。以保鮮膜緊密包覆，放入冰箱冷藏1小時以上。

7 將以保鮮膜包住的蛋糕整個從調理碗中取出，掀開保鮮膜後倒扣到盤子上。

8 將步驟**3**取出備用的紅茶奶油霜，再取出2/3量抹上整個蛋糕，以抹刀抹出旋渦狀的線條（p.92）。剩餘的奶油放入紙圓錐（p.63），尖端剪出小洞後擠出花的圖樣即可。

Vat Cake

White Sesame Pudding with Ginger Syrup

薑汁糖漿
白芝麻布丁

使用炒白芝麻作成的濃醇布丁。
待布丁液充分變得濃稠後再冷卻凝固，作出來更漂亮。
微辣的生薑糖漿能增添口感。

材料　21cm×16cm的方形烤盤1個分

〈白芝麻布丁〉
吉利丁粉……5g
水……2大匙
A | 炒白芝麻……3大匙（45g）
| 蔗糖……50g
| 牛奶……400ml

〈薑汁糖漿〉
生薑……2片
蔗糖……30g
水……3大匙

作法

事前準備：吉利丁粉加入分量內的水，膨脹後備用。

1 〈白芝麻布丁〉在小鍋裡放入A料後以中火加熱，一邊以橡膠刮刀攪拌。待升溫至60℃後關火，加入膨脹的吉利丁攪拌融解，將鍋底浸入冰水，攪拌冷卻直到材料變得濃稠。

2 〈組合〉將步驟1的布丁液倒入方盤，放入冰箱冷藏3小時以上凝固。

3 〈薑汁糖漿〉生薑去皮，切細絲。

4 在小鍋裡放入步驟3的生薑與蔗糖，倒入水，以小火煮至糖漿變濃稠後，熄火冷卻。

5 將步驟4的糖漿倒在已經完全凝固的步驟2布丁上即可。

紅茶凍地瓜布丁

以烤地瓜與牛奶作成口感溫和濃郁的布丁。
放上清爽的紅茶凍，
微甜的優雅口味。

材料　21cm×16cm的方形烤盤1個分

〈地瓜布丁〉
吉利丁粉……5g
水……2大匙
烤地瓜（參照事前準備1）
……淨重150g
細砂糖……20g
牛奶……300ml

〈紅茶凍〉
吉利丁粉……2.5g
水……1大匙
紅茶葉（伯爵茶等）
……茶包1個分（2g）
熱水……200ml
細砂糖……1大匙

作法

事前準備1：〈烤地瓜〉地瓜以水仔細洗淨，以鋁箔紙包裹，排放在厚底鍋中，蓋上蓋子以極小火加熱。約15分鐘後將地瓜翻面，蒸烤至可以竹籤穿過的程度（約45至60分鐘）。

事前準備2：地瓜布丁、紅茶凍用的吉利丁粉各自加入分量內的水，膨脹後備用。

1　〈 地瓜布丁 〉烤地瓜去皮，與細砂糖及牛奶一同放入果汁機，攪拌至柔滑狀。

2　膨脹的吉利丁放入微波爐，以600W加熱約20秒融解，倒入步驟**1**的材料中，迅速攪拌避免結塊。

3　〈 組合 〉將步驟**2**的布丁液倒入方盤中，放入冰箱冷藏3小時以上凝固。

4　〈 紅茶凍 〉在調理碗裡放入紅茶葉、細砂糖，再倒入熱水，加入膨脹的吉利丁後覆蓋上保鮮膜，蒸煮2分鐘左右。仔細攪拌均勻後，將紅茶液過篩，將調理碗底部浸入冰水冷卻，倒入保存容器，放進冰箱冷藏凝固。

5　以叉子攪散紅茶凍（a），倒在完全凝固變硬的步驟**3**布丁上即可。

Plum Wine Cake
梅酒蛋糕

吸收了梅酒的蜂蜜蛋糕，
塗上滿滿的梅子奶油，口感濕潤美味。
使用市售的梅子果醬也很棒。

材料 21cm×16cm的方形烤盤1個分

蜂蜜蛋糕……100g
（6.5cm×5.5cm×厚2.5cm 3片）

〈酒液〉
梅酒……2大匙

〈梅子鮮奶油〉
鮮奶油……300ml
梅子果醬（如下記）……50g

〈表面裝飾〉
梅子果醬（如下記）……適量
細葉香芹……適量

〈梅子果醬〉
梅酒的梅子5粒（果肉50g）去籽，切成末。將細砂糖30g、梅酒1又1/2大匙、鮮榨檸檬汁1/2大匙一起放入小鍋中。以中火煮滾後，改以小火加熱10分鐘左右完成（請注意，如果冷掉會變硬）。

作法

1 〈蛋糕基底〉蜂蜜蛋糕依厚度切半，鋪滿方盤底部。

2 〈梅子鮮奶油〉在調理碗裡放入鮮奶油及梅子果醬，底部浸入冰水，以打蛋器打至8分發（p.90）。

3 〈組合〉將梅酒塗抹在步驟1的蜂蜜蛋糕上，倒入步驟2的梅子奶油並抹平，再以抹刀抹出直紋（p.92），放入冰箱冷藏1小時以上。

4 〈表面裝飾〉放上梅子果醬後，以細葉香芹裝飾即可。

Non bake Cake

+1 idea

派對蛋糕裝飾法

慶祝生日或舉辦家庭派對時，也可以輕鬆作成的方盤蛋糕與圓頂蛋糕，讓場面更熱鬧。
放上蛋糕頂飾或以巧克力寫上祝賀語作裝飾，或是稍加擺盤，就能讓整體感覺更華麗。

蛋糕頂飾的作法 A

在吸管上打上緞帶，插在蛋糕上就完成可愛的蛋糕頂飾了！
此外，也可以將兩根吸管插在蛋糕的兩端，連上繩子，再貼上切成三角形的紙膠帶或色紙。一張小色紙寫上一個字，串連成訊息也很棒。

B 如何以紙圓錐寫上祝賀語

1

2

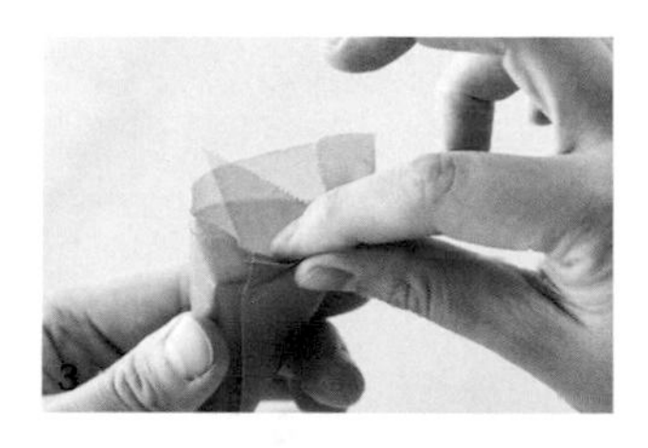

3

4

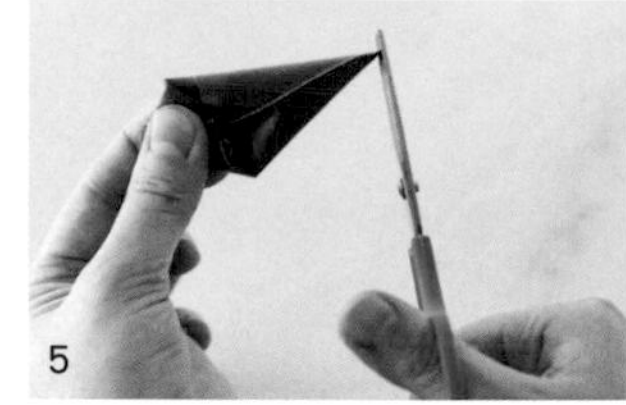

5

6

1 將烘焙紙剪成三角形。
2 捏住一端，再以另一隻手將紙捲成圓錐形。
3 將紙筒多出來的部分，折入圓錐的邊緣固定。
4 裝入隔水加熱融化的巧克力，將上方的兩側往下折。
5 將紙圓錐的尖端以剪刀剪開。
6 在市售的巧克力裝飾板上寫上訊息。

擺盤裝飾法 C

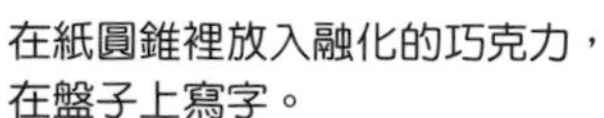

在紙圓錐裡放入融化的巧克力，
在盤子上寫字。
放上幾種切開的圓頂蛋糕、以湯匙挖起的方盤蛋糕，
再以水果或食用花卉裝飾，撒上糖粉即可。
在切好的水果上插上蠟燭也很好看。

南瓜蛋糕

在巧克力海綿蛋糕上擠上打發鮮奶油，搭配甜味溫和的南瓜奶油，
很有秋天感的一款蛋糕。
若沒有適合的花嘴，先將南瓜奶油抹平之後，以叉子從下往上劃上紋路也能有同樣效果。

Pumpkin Cake

材料　15cm的圓頂蛋糕1個分

巧克力海綿蛋糕
（直徑15cm）……1個

〈打發鮮奶油〉
鮮奶油……200ml
細砂糖……1大匙

〈南瓜鮮奶油〉
南瓜（去皮去籽）……淨重150g
細砂糖……3大匙
奶油（無鹽）……15g
鮮奶油……50至100ml

〈表面裝飾〉
南瓜（帶皮・3cm方塊×厚8mm）……6片

作法

1. 〈蛋糕基底〉巧克力海綿蛋糕依厚度切成4等分的圓片。
2. 〈表面裝飾〉南瓜以熱水燙過，放入耐熱容器後覆蓋保鮮膜，以微波爐600W加熱1分鐘。
3. 〈打發鮮奶油〉在調理碗裡放入鮮奶油、細砂糖，將調理碗底部浸入冰水，以打蛋器將鮮奶油打至8分發（p.90）。接著取出1/5量留作表面裝飾用，放入冰箱冷藏備用。
4. 〈南瓜鮮奶油〉將南瓜切成一口大小，以熱水燙過之後放入耐熱容器，加入細砂糖並覆蓋保鮮膜，以微波爐600W加熱4分鐘。趁熱過篩，加入燙南瓜的水及奶油後攪拌均勻，放涼。
5. 少量多次倒入鮮奶油，以橡膠刮刀攪拌至質地柔滑（因南瓜本身就有水分，添加鮮奶油時要注意不要加太多，以免變得太軟）。
6. 〈組合〉在調理碗中鋪上保鮮膜，鋪上1片步驟**1**的海綿蛋糕，將步驟**3**鮮奶油的1/3量倒在海綿蛋糕上並抹平。
7. 再鋪上1片步驟**1**的海綿蛋糕，將步驟**3**鮮奶油的1/3量倒在海綿蛋糕上並抹平。
8. 再重複一次步驟**7**，將最後1片海綿蛋糕鋪上後，以手壓緊。以保鮮膜緊密包覆，放入冰箱冷藏1小時以上。
9. 將以保鮮膜包住的蛋糕整個從調理碗中取出，掀開保鮮膜後倒扣到盤子上。
10. 〈表面裝飾〉將步驟**5**的鮮奶油倒入裝好平口波浪花嘴的擠花袋，由下而上在蛋糕表面擠上南瓜奶油。
11. 將步驟**3**中取出備用的鮮奶油倒入裝好星形花嘴的擠花袋，在蛋糕頂端擠上6朵玫瑰形的奶油花（p.92），放上步驟**2**的南瓜即可。

萬聖節風
裝飾法

以隔水加熱過的巧克力筆（黑色）畫上鬼臉，
就變成了萬聖節的傑克南瓜燈！

Bowl Cake ▶ Black Honey Cream Cake with Banana

黑糖蜜香蕉蛋糕

混入黑糖蜜的和風鮮奶油裡放了滿滿的香蕉。
加入核桃作點綴，是連口感也很有趣的一款蛋糕。

材料　15cm的圓頂蛋糕1個分

蜂蜜蛋糕……200g
（6.5cm×5.5cm×厚2.5cm 6片）

〈黑糖蜜鮮奶油〉
鮮奶油……300ml
黑糖蜜……40g

〈夾心＆表面裝飾〉
香蕉……2根
核桃（烘烤過）……15g
鏡面果膠（p.94）……適量
黑糖蜜……適量

作法

1 〈蛋糕基底〉蜂蜜蛋糕依厚度切半。

2 〈夾心＆表面裝飾〉香蕉切成5mm厚的圓片，其中20至22片塗上鏡面果膠作為表面裝飾用。核桃挑出形狀好看的3顆留作表面裝飾用，其餘的以手剝成碎塊作為夾心用。

3 〈黑糖蜜鮮奶油〉在調理碗裡放入鮮奶油，底部浸入冰水，以打蛋器打至8分發（p.90），加入黑糖蜜攪拌均勻。取1/3量留作表面裝飾用，先放入冰箱冷藏備用。

4 〈組合〉在調理碗裡鋪上保鮮膜，將7塊步驟**1**的蜂蜜蛋糕鋪滿在碗底。倒入一半量的步驟**3**鮮奶油，放上一半量的夾心用香蕉及夾心用核桃，以少量鮮奶油填滿縫隙並抹平。。

5 再次疊上2片步驟**1**的蜂蜜蛋糕（配合調理碗形狀可再切過）放上剩餘的夾心用香蕉、核桃，以少量鮮奶油填滿縫隙之後抹平。

6 最後放上3片步驟**1**的蜂蜜蛋糕（配合調理碗形狀可再切過），以手壓緊後，以保鮮膜緊密包覆，放入冰箱冷藏1小時以上。

7 將以保鮮膜包住的蛋糕整個從調理碗中取出，掀開保鮮膜後倒扣到盤子上。

8 〈表面裝飾〉將步驟**3**中取出備用的1/3量鮮奶油抹上整個蛋糕。以抹刀從下方往上抹出直線線條（p.92）。於表面裝飾上香蕉及核桃，再淋上黑糖蜜即可。

Black Honey Cream Cake
with Banana

Vat Cake

Mont Blanc

材料 21cm×16cm的方形烤盤1個分

蛋白餅（馬林糖）……30個（50g）

〈打發鮮奶油〉
鮮奶油……150ml

〈栗子鮮奶油〉
栗子泥（p.94）……100g
奶油（無鹽）……10g
鮮奶油……50ml
蘭姆酒（p.94）……依喜好加1小匙

〈表面裝飾〉
栗子甘露煮……5個
巧克力碎片（p.94）……適量

作法

1 〈蛋糕基底〉將蛋白餅鋪在方盤底部。

2 〈表面裝飾〉將栗子甘露煮切半。

3 〈打發鮮奶油〉在調理碗裡放入鮮奶油，底部浸入冰水，以打蛋器打至8分發（p.90）。

4 〈栗子鮮奶油〉在調理碗裡放入栗子泥，以橡膠刮刀仔細攪拌成柔滑狀，少量多次加入奶油，仔細攪拌均勻，再少量多次加入鮮奶油攪拌。依喜好加入蘭姆酒混合均勻。

5 〈組合〉將步驟**3**的鮮奶油放到步驟**1**的蛋白餅上，抹平。將步驟**4**的栗子鮮奶油倒入裝好平口波浪花嘴的擠花袋裡，擠到蛋糕表面上（p.92）。

6 〈表面裝飾〉放上栗子甘露煮作裝飾，撒上巧克力碎片，放入冰箱冷藏1小時以上即可。

蒙布朗蛋糕

在蛋白餅上抹上打發鮮奶油，再疊上栗子鮮奶油，味道就像正統的蒙布朗蛋糕。
因為蛋白餅已經有甜度，打發鮮奶油時就不再加糖。

水果杏仁豆腐

在滑嫩柔順的杏仁豆腐上淋上水果糖漿。
糖漿裡除了水果，也可以放入枸杞，更有成熟大人風味。

材料 21cm×16cm的方形烤盤1個分

〈杏仁豆腐〉
古利丁粉……5g
水……2大匙
杏仁霜（p.94）……2大匙
細砂糖……40g
水……200ml
牛奶……150ml
鮮奶油……100ml
杏仁香甜酒（p.94）…… 若有加1小匙

〈表面裝飾〉
細砂糖……15g
熱水……50ml
奇異果（綠色）……1/2個
黃桃（切半・罐頭）……1/2片
櫻桃（罐頭）……6個

作法

事前準備：吉利丁粉加入分量內的水2大匙，膨脹後備用。

1. 〈表面裝飾〉將熱水倒入細砂糖中，仔細攪拌溶解，放涼。
2. 奇異果去皮，與黃桃一起切成2cm丁狀。櫻桃其中3顆去梗。全部倒入步驟**1**的糖水中混合。
3. 〈杏仁豆腐〉在小鍋中放入杏仁霜及細砂糖，仔細攪拌均勻，少量多次加入水200ml後稍微攪拌，以小火加熱。不時攪拌，待細砂糖融化後就倒入牛奶、鮮奶油，加熱至快沸騰時熄火。
4. 熄火後倒入已膨脹的吉利丁，融解後過篩。
5. 在調理碗底部浸入冰水冷卻，加入杏仁香甜酒（若有）攪拌。待攪拌至開始出現濃稠感，倒入方盤中，放進冰箱冷藏3小時以上凝固。
6. 〈組合〉將步驟**2**的水果及糖水淋上已完全變硬凝固的步驟**5**杏仁豆腐上即可。

Custard Pudding

Pudding a la Mode

卡士達布丁

孩提時代夢想中的大布丁。
在調理碗裡倒入布丁液，放進鍋裡蒸煮。
充分冷卻後以手按壓，讓空氣進入布丁與調理碗之間後，再將布丁倒出盛盤。

材料　15cm的布丁1個分

〈卡士達布丁〉
牛奶……400ml
細砂糖……70g
全蛋……3個
蛋黃……1個
香草莢……1/2根

〈焦糖醬〉
細砂糖……40g
水……2小匙
熱水……2小匙

作法

1 〈 焦糖醬 〉在小鍋裡放入細砂糖及水，以中火加熱，並不時搖晃鍋子，讓砂糖融解。待砂糖水呈現均勻的焦糖色後熄火，倒入熱水（小心噴濺造成燙傷），趁變硬之前倒進調理碗中冷卻。

2 〈 卡士達布丁 〉將香草莢縱向切一刀，剝開豆莢將香草籽刮出。

3 在小鍋中放入牛奶、步驟**2**的香草莢以及香草籽，開火加熱至沸騰前熄火。

4 在調理碗裡放入全蛋與蛋黃，以打蛋器打散，加入細砂糖後以摩擦碗底的方式攪拌，避免攪入空氣。

5 將步驟**3**的材料少量多次倒入調理碗中攪拌混合，過篩後取出香草莢，倒進步驟**1**的調理碗中，撈掉表面泡沫，覆蓋上鋁箔紙。

6 在鍋裡放入廚房紙巾，倒入深2cm的水後開中火。

7 沸騰後先熄火，將步驟**5**的調理碗迅速放入鍋中（小心別燙到），蓋上鍋蓋，以小火加熱4至5分鐘，再改以微火蒸10分鐘左右，熄火，再繼續悶15分鐘左右即可。

卡士達布丁
的擺盤

在大大的布丁旁擠上鮮奶油、擺上喜歡的水果裝飾，
就成了大家最喜歡的鮮奶油水果布丁！

鮮奶油水果布丁

卡士達布丁……1個
鮮奶油……100ml
細砂糖……1/2大匙
蘋果、奇異果、橘子（罐頭）、
櫻桃（罐頭）……各適量

在調理碗裡放入鮮奶油與細砂糖，底部浸入冰水打至8分發（p.90），放入裝好星形花嘴的擠花袋中，在布丁的四周擠上奶油花，並放上水果裝飾即可。

Vat Cake

Cherry Blossom Bavarian Cream

材料 21cm×16cm的方形烤盤1個分

原味海綿蛋糕
（直徑15cm）……約1/2個

〈白豆沙芭芭露亞奶凍〉
吉利丁粉……5g
水……2大匙
牛奶……200ml
白豆沙……80g
鮮奶油……100ml

〈櫻花糖漿〉
鹽漬櫻花（p.94）……10枝（10g）
熱水……3大匙
細砂糖……1大匙
櫻花利口酒（p.94）……依喜好加1/2小匙

作法

事前準備：吉利丁粉加入分量中的水，膨脹後備用。

1 〈蛋糕基底〉海綿蛋糕依厚度切半，鋪在方盤底部。

2 〈櫻花糖漿〉將鹽漬櫻花以水充分洗淨，換水浸泡30分鐘左右，消除鹽分。拭乾水分，梗只留下一點其餘切除。

3 在耐熱容器裡放入熱水及細砂糖後攪拌溶解，趁熱將步驟**2**的櫻花倒入，蓋上保鮮膜悶蒸。

4 稍微放涼後，依喜好加入櫻花利口酒攪拌，再另取出1大匙液狀部分留作塗抹用。

5 〈白豆沙芭芭露亞奶凍〉在小鍋裡放入白豆沙，少量多次倒入牛奶，開小火攪拌加熱。待升溫至60℃時熄火，倒入已膨脹的吉利丁，攪拌融解。

6 加入鮮奶油攪拌，將鍋底浸入冰水，不時攪拌至冷卻變得濃稠為止。

7 〈組合〉將步驟**4**取出備用的糖漿塗在步驟**1**的蛋糕上，再倒入步驟**6**的奶凍液，放進冰箱冷藏3小時以上。

8 完全凝固變硬後，淋上剩餘的步驟**4**糖漿即可。

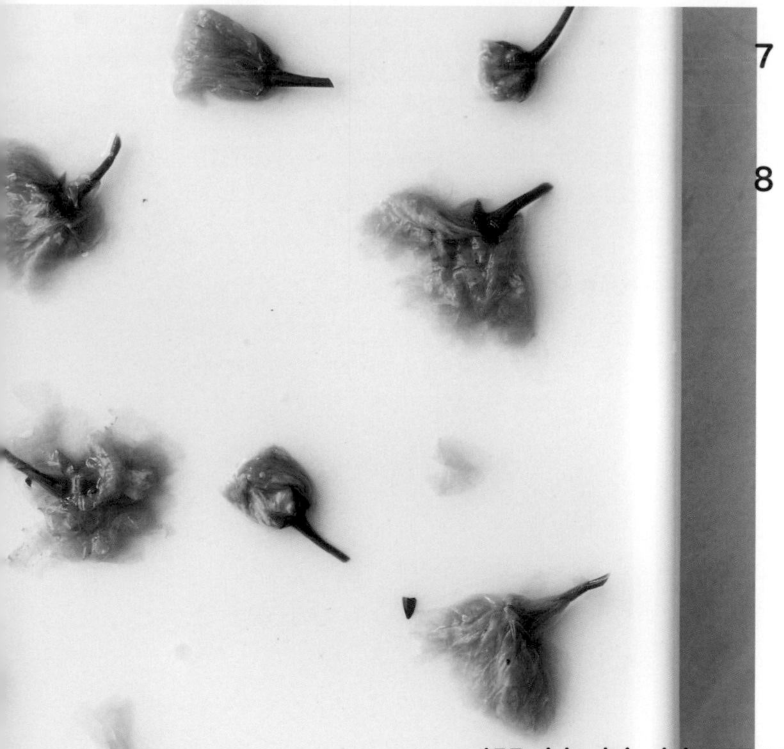

櫻花芭芭露亞蛋糕

Q彈的白豆沙芭芭露亞蛋糕上，淋上充滿華麗感、
加了滿滿鹽漬櫻花的櫻花糖漿。很適合在春天慶祝時食用。

酪梨生乳酪蛋糕

清爽的淡綠色，光看就令人精神百倍。
以萊姆的清爽酸甜調和酪梨濃厚的口感，
一匙一匙停不下來的美味。

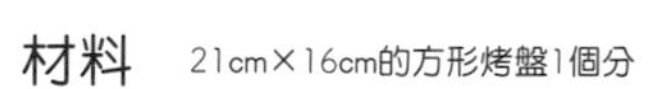

材料 21cm×16cm的方形烤盤1個分

消化餅乾……50g（6片）

〈酪梨生乳酪蛋糕〉
吉利丁粉……5g
水……2大匙
A 酪梨（去皮去籽）
……1個（果肉150g）
奶油乳酪……100g
細砂糖……50g
原味優格……100g
鮮榨萊姆汁……1大匙
白酒……1大匙
鮮奶油……100ml

〈表面裝飾〉
萊姆（切成2mm厚度的薄片）
……6片
細葉香芹……適量

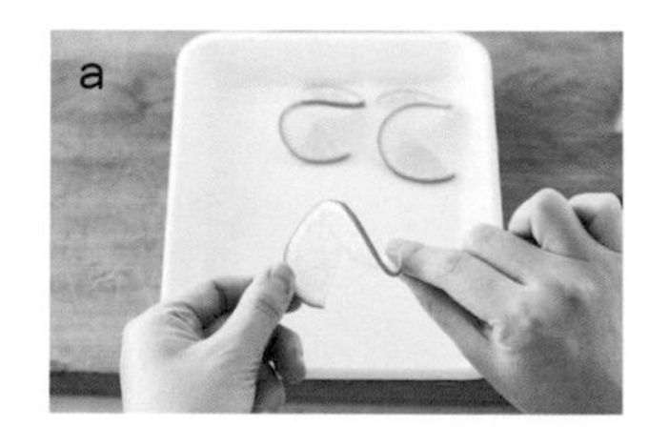

作法

事前準備：吉利丁粉加入分量內的水，膨脹後備用。
奶油乳酪回至常溫。

1 〈 蛋糕基底 〉將消化餅乾壓成細碎狀，舖在方盤底部。

2 〈 表面裝飾 〉將萊姆薄片從中央輕劃一刀，往左右兩個反方向扭轉（a）。

3 〈 酪梨生乳酪蛋糕 〉A料以果汁機攪打至滑順。

4 將膨脹的吉利丁放入微波爐，以600W加熱約20秒，快速攪拌均勻。倒入鮮奶油，以橡膠刮刀迅速攪拌。

5 〈 組合 〉將步驟**4**的材料倒入步驟**1**的方盤後抹平，放入冰箱冷藏3小時以上凝固。

6 完全凝固變硬後，將步驟**2**的萊姆以對角線排放，再擺上細葉香芹裝飾即可。

+1 idea

這樣作更簡單！方盤蛋糕＆圓頂蛋糕

本篇介紹的蛋糕，連打發鮮奶油都不需要，
而是利用市售的冰淇淋、海綿蛋糕及果凍等，
更加輕鬆地作出不需烘烤的美味蛋糕。

以果凍製作方盤蛋糕

芒果牛奶凍蛋糕

材料　21cm×16cm的方形烤盤1個分

原味海綿蛋糕
（直徑15cm）……1/2個
芒果汁……2大匙
奶酪（130g）……3個
芒果果凍（180g）……2個

作法

1. 〈蛋糕基底〉海綿蛋糕依厚度切半，依據方盤形狀切割並鋪滿底部。
2. 〈組合〉在步驟**1**的海綿蛋糕上塗上芒果汁，攪散奶酪後倒在蛋糕上，冷凍3小時以上。
3. 待蛋糕完全凝固變硬後，以叉子攪散芒果果凍，倒在蛋糕上即可。

※若想要分層分得更漂亮，可將奶酪放入耐熱容器中，以微波爐加熱（或隔水加熱）至軟化融解。

以冰淇淋製作圓頂蛋糕

草莓＆巧克力冰淇淋蛋糕

材料 15cm的圓頂蛋糕1個分

原味海綿蛋糕
（直徑15cm）……1個

〈冰淇淋蛋糕〉
草莓冰淇淋……300ml
巧克力冰淇淋……150ml

〈表面裝飾〉
可可粉……適量

作法

1. 〈蛋糕基底〉海綿蛋糕依厚度切成4等分的圓片。
2. 〈冰淇淋蛋糕〉2種冰淇淋各自攪拌至軟化。
3. 〈組合〉在調理碗中鋪上保鮮膜，鋪上1片步驟**1**的海綿蛋糕，放上一半量的草莓冰淇淋後迅速抹平。
4. 再次疊上一片步驟**1**的海綿蛋糕片，放上巧克力冰淇淋後迅速抹平。
5. 再次疊上一片步驟**1**的海綿蛋糕片，放上剩下的草莓冰淇淋，放上最後1片海綿蛋糕，以手壓緊，以保鮮膜緊密包覆，放入冰箱冷凍1小時以上。
6. 將以保鮮膜包住的蛋糕整個從調理碗中取出，掀開保鮮膜後倒扣到盤子上。
7. 〈表面裝飾〉撒上可可粉裝飾即可。

Caramel Chocolate Cake with Pear

西洋梨焦糖巧克力蛋糕

巧克力海綿蛋糕加上西洋梨及焦糖奶油，組合而成的大人風蛋糕。
將焦糖醬充分煮出焦香味是重點。

材料 15cm的圓頂蛋糕1個分

巧克力海綿蛋糕
（直徑15cm）……1個

〈焦糖鮮奶油〉
焦糖醬（參照事前準備）……全量
（細砂糖100g、鮮奶油100ml）
鮮奶油……200ml

〈夾心〉
糖煮西洋梨
（切半・參照下記作法，也可使用罐頭西洋梨）……4片

〈糖煮西洋梨〉（容易製作的分量）
洋梨 ……2個
細砂糖 ……150g
白酒 ……100ml
水 ……300ml
鮮榨檸檬汁…… 1大匙

西洋梨切半後去皮，將皮放入茶包袋中一起燉煮。作法可參照糖煮桃子（p.35）。

作法

事前準備：〈焦糖醬〉在小鍋中放入細砂糖，以中火加熱，待砂糖開始融解時，一邊搖晃鍋子讓砂糖能均勻加熱。待糖液轉為焦糖色（a）後加入鮮奶油（事先加熱至肌膚溫度）攪拌（注意焦糖噴濺造成燙傷）。

1. 〈蛋糕基底〉巧克力海綿蛋糕依厚度切成4等分的圓片。
2. 〈夾心〉西洋梨切成2cm小丁，以廚房紙巾拭乾水分。
3. 〈焦糖鮮奶油〉在調理碗裡放入鮮奶油，調理碗底部浸入冰水，以打蛋器將鮮奶油打至8分發（p.90）。接著加入焦糖醬，再次打至8分發，取出1/3量留作表面裝飾用，放入冰箱冷藏。
4. 〈組合〉在調理碗中鋪上保鮮膜，鋪上1片步驟**1**的海綿蛋糕。將步驟**3**的焦糖鮮奶油取1/3量抹在海綿蛋糕上，放上西洋梨，以少量鮮奶油填滿西洋梨的縫隙之後迅速抹平。
5. 再次疊上一片步驟**1**的海綿蛋糕片，抹上步驟**3**中1/3量的焦糖鮮奶油，再放上1/3量的西洋梨，以少量鮮奶油填滿西洋梨縫隙之後抹平。
6. 再重複一次步驟**5**，放上最後1片海綿蛋糕，以手壓緊。以保鮮膜緊密包覆，放入冰箱冷藏1小時以上。
7. 將以保鮮膜包住的蛋糕整個從調理碗中取出，掀開保鮮膜後倒扣到盤子上。
8. 將事先取出備用的1/3量焦糖鮮奶油抹上整個蛋糕，以湯匙抹出浪花的造型（p.92）即可。

Tiramisu like Coffee Jelly

Coffee Bavarian with
Hazelnut Cream

提拉米蘇風咖啡凍

滑嫩Q彈的咖啡凍上，放上馬斯卡彭乳酪餡，
撒上可可粉，就成為提拉米蘇風。
平凡的咖啡凍，以方盤製作就能變身成適合招待客人的甜點。

材料 21cm×16cm的方形烤盤1個分

〈咖啡凍〉
吉利丁粉……5g
水……2大匙
A | 熱水……300ml
即溶咖啡粉……2大匙
細砂糖……30g

〈提拉米蘇餡〉
鮮奶油……100ml
細砂糖……1大匙
馬斯卡彭乳酪……100g

〈表面裝飾〉
可可粉……適量

作法

事前準備：吉利丁粉加入分量內的水，膨脹後備用。

1. 〈咖啡凍〉在調理碗裡放入A料後充分攪拌，待細砂糖溶化後，加入膨脹的吉利丁，放涼。
2. 倒入方盤中，放進冰箱冷藏3小時以上使其凝固。
3. 〈提拉米蘇餡〉在調理碗裡放入鮮奶油及細砂糖，底部浸入冰水，以打蛋器打至8分發（p.90），加入馬斯卡彭乳酪後攪拌均勻。
4. 完全拌勻後，以湯匙舀成圓形，放在步驟**2**的咖啡凍上（p.92）。
5. 〈表面裝飾〉享用之前再撒上可可粉即可。

Bowl Cake

Coffee Bavarian with Hazelnut Cream

材料　15cm的圓頂蛋糕1個分

蜂蜜蛋糕……65g
（6.5cm×5.5cm×厚2.5cm 2片）

〈咖啡芭芭露亞奶凍〉
吉利丁粉……10g
水……4大匙
A｜牛奶……300ml
｜細砂糖……40g
｜即溶咖啡……1大匙
鮮奶油……200ml

〈榛果奶油〉
榛果巧克力醬（p.94）……50g
鮮奶油……100ml

作法

事前準備：吉利丁粉加入分量內的水，膨脹後備用。

1 〈蛋糕基底〉蜂蜜蛋糕依厚度切半。

2 〈咖啡芭芭露亞奶凍〉在小鍋中放入A料以小火加熱，待升溫至60℃後熄火，倒入膨脹的吉利丁。加入鮮奶油攪拌均勻，鍋底浸入冰水攪拌，至出現濃稠感為止。

3 〈組合〉將咖啡芭芭露亞奶凍液倒入調理碗，輕輕覆蓋上步驟1的蜂蜜蛋糕，蓋上保鮮膜，放入冰箱冷藏3小時以上凝固。

4 完全凝固變硬後，以手按壓芭芭露亞奶凍的表面，讓調理碗與奶凍之間進入空氣（如果空氣沒有進入，就迅速以熱水沖一下調理碗底），蓋上盤子，快速翻面後取出奶凍。

5 〈榛果鮮奶油〉在調理碗裡放入榛果巧克力醬與鮮奶油，底部浸入冰水，以打蛋器打至8分發（p.90）。

6 將榛果鮮奶油倒入裝有星形花嘴的擠花袋中，在步驟**4**的奶凍頂端擠上玫瑰形的奶油花，周圍則擠上小小的奶油花（p.92）。

榛果鮮奶油咖啡蛋糕

滑嫩的咖啡芭芭露亞奶凍，搭配濃厚的榛果鮮奶油。
充分攪拌至濃稠後再冷卻凝固，就能作得很漂亮。

Opera Chocolate Cake

Chocolate Cake with Dried Fruits and Nuts

材料 15cm的圓頂蛋糕1個分

巧克力海綿蛋糕
（直徑15cm）……1個

〈咖啡糖漿〉
熱水……30g
細砂糖……10g
即溶咖啡粉……1小匙
蘭姆酒（p.94）……1小匙/2

〈咖啡鮮奶油〉
A｜鮮奶油……200ml
｜細砂糖……1大匙
｜即溶咖啡粉……1大匙

〈巧克力鮮奶油〉
巧克力（甜）……50g
鮮奶油……100ml

〈表面裝飾〉
巧克力餅乾棒……5根

作法

1 〈 蛋糕基底 〉巧克力海綿蛋糕依厚度切成4等分的圓片。

2 〈 咖啡糖漿 〉在調理碗裡放入細砂糖、即溶咖啡粉，倒入熱水融解。放涼後倒入蘭姆酒攪拌均勻。

3 〈 咖啡鮮奶油 〉在調理碗裡放入A料，底部浸入冰水，以打蛋器打至8分發（p.90）。

4 〈 組合 〉在調理碗中鋪上保鮮膜，鋪上1片步驟**1**的海綿蛋糕。塗上步驟**2**的糖漿，放上步驟**3**鮮奶油的1/3量，迅速抹平。

5 再次疊上一片步驟**1**的海綿蛋糕片，塗上步驟**2**的糖漿，放上步驟**3**鮮奶油的1/3量，抹平。

6 重複一次步驟**5**，放上最後1片海綿蛋糕，以手壓緊。以保鮮膜緊密包覆，放入冰箱冷藏1小時以上。剩餘的咖啡糖漿留下備用。

7 將以保鮮膜包住的蛋糕整個從調理碗中取出，掀開保鮮膜後倒扣到盤子上，在表面塗上剩餘的咖啡糖漿。

8 〈 巧克力鮮奶油 〉在調理碗裡放入切碎的巧克力，隔水加熱融解。少量多次加入鮮奶油，以打蛋器攪拌，攪拌均勻後將調理碗底部浸入冰水，打至8分發。

9 〈 表面裝飾 〉將步驟**8**的鮮奶油塗滿步驟**7**的蛋糕表面，以抹刀由下而上抹出線條（p.92）。放上巧克力餅乾棒作裝飾即可。

歐培拉風巧克力蛋糕

浸潤了咖啡糖漿的巧克力海綿蛋糕，
層層疊上咖啡鮮奶油，並以巧克力鮮奶油裝飾，
是一款口感濃厚的蛋糕，
適合搭配較濃的咖啡。

蒙地安風
果乾堅果巧克力蛋糕

以蒙地安巧克力為靈感，
使用巧克力與堅果、果乾組合而成的蛋糕。
打發巧克力鮮奶油，吃起來既蓬鬆又輕盈。
選擇自己喜歡的水果跟堅果來製作吧！

材料　21cm×16cm的方形烤盤1個分

手指餅乾⋯⋯70g（13根）

〈巧克力鮮奶油〉
巧克力（甜）⋯⋯100g
鮮奶油⋯⋯200ml

〈表面裝飾〉
巧克力（甜・表面覆蓋用）⋯⋯40g
腰果⋯⋯9個
開心果⋯⋯9個
杏桃乾⋯⋯3個
冷凍覆盆子乾（p.94）⋯⋯9個

作法

1. 〈蛋糕基底〉將手指餅乾鋪滿方盤底部。
2. 〈巧克力鮮奶油〉在調理碗裡放入切碎的巧克力，隔水加熱融解。少量多次加入鮮奶油，以打蛋器攪拌均勻，底部浸入冰水打至8分發（p.90）。
3. 〈組合〉將步驟**2**的鮮奶油倒入步驟**1**的方盤，抹平，放入冰箱冷藏1小時以上。
4. 〈表面裝飾〉將杏桃乾切成3等分，巧克力隔水加熱融化。
5. 將融化巧克力淋在步驟**3**的蛋糕上，趁巧克力凝固之前，擺放上堅果和果乾即可。

Frozen Yogurt Bark with
Mango & Pine

Frozen Yogurt Bark with Berry

以手剝開的形狀就像樹皮（bark）的裂紋，所以英文稱作Yogurt Bark。
除了水果也可以撒上麥片或碎餅乾，是十分清爽又健康的點心，

芒果鳳梨優格冰磚

材料　21cm×16cm的方形烤盤1個分

水切優格（參照事前準備1）……200g
細砂糖……2大匙
芒果（去皮去核）……果肉60g
鳳梨（去皮去芯）……果肉60g
開心果……7至8粒

作法

事前準備1：在調理碗上放上一個尺寸稍大的竹簍，以兩層廚房紙巾包住原味優格（約400g）並放在竹簍上。蓋上保鮮膜放入冰箱冷藏一個晚上，瀝乾至重量剩下一半約200g的程度，作成水切優格。（參照p.17a）

事前準備2：在方盤內鋪上烘焙紙。

1. 芒果跟鳳梨各切成一口大小，開心果切半。
2. 在調理碗裡放入水切優格及細砂糖，攪拌均勻。
3. 倒入方盤中抹平，放上步驟1的芒果與鳳梨，放入冰箱冷凍2小時以上。
4. 待優格完全凝固後，以手剝成適當的大小即可。

莓果優格冰磚

材料　21cm×16cm的方形烤盤1個分

水切優格（參照事前準備1）……200g
蜂蜜……30g
藍莓……12個
覆盆子……10個
黑莓……4個

作法

事前準備1：參照上記食譜的事前準備1，準備200g的水切優格。

事前準備2：在方盤內鋪上烘焙紙。

1. 在調理碗裡放入水切優格及蜂蜜，攪拌均勻。
2. 倒入方盤中抹平，放上藍莓、覆盆子與切半的黑莓，放入冰箱冷凍2小時以上。
3. 待優格完全凝固後，以手剝成適當的大小即可。

水果穀物棒

脆脆的穀物棒很適合當作伴手禮。一條一條以蠟紙包裹，方便食用。
建議使用較細的穀片。

材料　21cm×16cm 的方形烤盤1個分

水果穀片
（選用顆粒較細的品牌）……150g
胡桃（烘烤）……20g
杏仁（烘烤）……20g
棉花糖……60g

作法

事前準備：在方盤底部鋪上烘焙紙，胡桃及杏仁切成1cm左右丁狀。

1. 在小鍋裡放入所有材料，以小火加熱並不停地攪拌，直到棉花糖融化（a）。
2. 倒入方盤，以橡膠刮刀用力壓平、至扎實。
3. 放涼後覆上保鮮膜壓緊，放入冰箱冷藏1小時以上冷卻凝固，再取出切成容易食用的大小即可。

材料　21cm×16cm的方形烤盤1個分

蜂蜜蛋糕……200g
巧克力（甜）……100g

〈表面裝飾〉
白巧克力……100g
草莓巧克力……100g
（均為沾裹用）
彩色糖粒．食用銀珠（p.94）……各適量

作法

事前準備：在方盤底鋪上烘焙紙。

1. 在調理碗裡放入以叉子壓碎的蜂蜜蛋糕，少量多次倒入已隔水加熱融化的巧克力，讓蛋糕都沾上巧克力。
2. 將步驟1的蛋糕倒入方盤，覆蓋保鮮膜，以手用力壓平、變得扎實（a）。
3. 放入冰箱冷藏1小時以上冷卻凝固，切成3cm的方塊，插上小竹籤（b）。
4. 〈表面裝飾〉將白巧克力、草莓巧克力各自放入調理碗，隔水加熱融化，沾裹在步驟3上。
5. 依喜好撒上彩色糖粒或食用銀珠裝飾後靜置乾燥即可。

蛋糕棒棒糖

用力壓緊蛋糕後冷藏凝固，切成喜歡的形狀並插上小竹籤。
在沾裹的巧克力完全乾燥之前，小心別觸碰到。

Basic Cream Recipe

基本款奶油醬作法

介紹在本書中使用的奶油醬種類，以及基本作法。

Fresh cream

鮮奶油

本書中最常登場的奶油醬，除了混合細砂糖的打發鮮奶油之外，只要加入水果泥或融化的巧克力，就能作出許多不同風味的鮮奶油。

Custard cream

卡士達醬

p.91有介紹基本的卡士達醬作法，本書中也介紹使用了混合柳橙汁的柳橙卡士達醬、或是混合了鮮奶油的卡士達鮮奶油所製作而成的蛋糕。

Butter cream

奶油霜

適合用來裝飾，可混合蔓越莓粉或紅茶粉使用，改變粉的種類就能作出各種口味的奶油霜。

Cheese cream

乳酪鮮奶油

在鮮奶油裡加入馬斯卡彭乳酪作成的乳酪鮮奶油，吃起來有清爽的感覺。

1 鮮奶油打發法

在調理碗裡放入鮮奶油、細砂糖，底部浸入冰水，以打蛋器或手持式電動攪拌器打發。

7分發

打至將打蛋器拉起時，鮮奶油會緩緩流下，表面會稍微堆積起來的程度。適合在混合慕斯或芭芭露亞奶凍液時使用。

8分發

打至將打蛋器拉起時，鮮奶油不會滴落，而是呈現尖角形的程度。適合裝飾表面或作為夾心使用。

2 卡士達醬作法

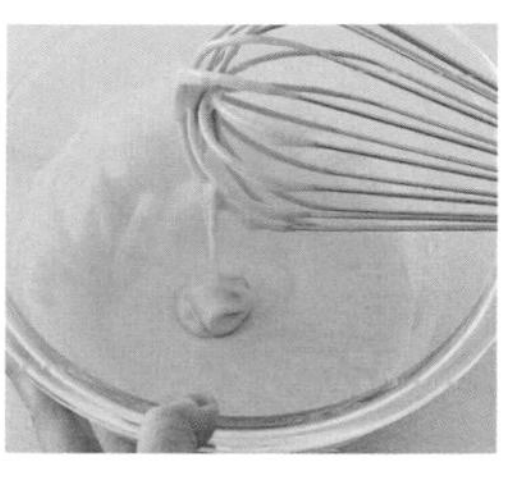

1 在耐熱容器裡放入蛋黃，以打蛋器打散，一次倒入全部的細砂糖後攪拌至變白。

2 過篩加入低筋麵粉，輕輕攪拌，少量多次倒入牛奶溶開。

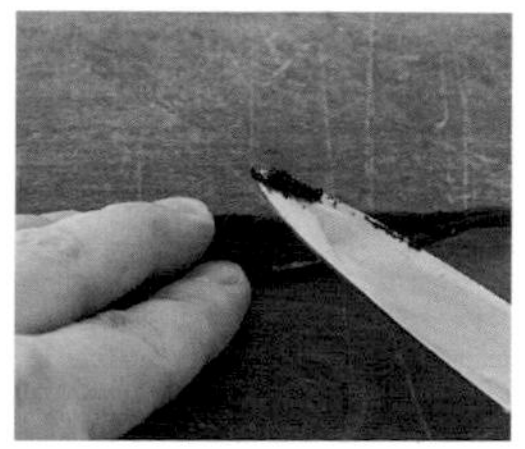

3 將香草莢縱切一刀，剝開並刮出香草籽。將香草籽連同豆莢一起放進蛋黃醬裡。

4 不覆蓋保鮮膜，放入微波爐以600W加熱3分鐘（圖為加熱後的狀態）。

5 取出容器，以打蛋器迅速攪拌直到質地柔滑，再次放入微波爐以600W加熱1分鐘後攪拌均勻。

6 再次微波加熱1分鐘，取出攪拌直到質地柔滑（圖為加熱後的狀態）。

7 取出香草莢，馬上放入奶油攪拌融解。

8 在表面緊密包覆上保鮮膜後進行急速冷卻（將調理碗底部浸入冰水，並在保鮮膜上放上保冷劑），接著放入冰箱冷藏即完成。

3 奶油霜作法

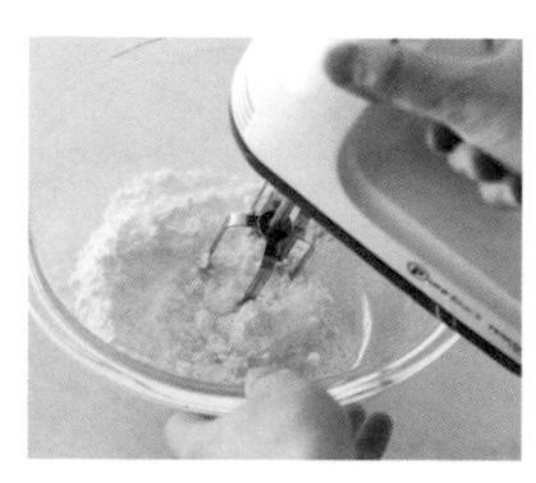

1 在調理碗裡放入蛋白及糖粉，攪拌均勻。

2 隔水加熱至60℃，同時以打蛋器或手持式電動攪拌器攪拌。

3 從熱水上移開，以手持式電動攪拌器持續攪拌直到調理碗變涼、蛋白霜變得夠硬為止。

4 分10次慢慢加入奶油，以手持式電動攪拌器一邊觀察狀況，一邊持續攪拌至均勻即可。

Decoration Tips

奶油擠花的方法

介紹使用擠花袋、紙圓錐（p.63）、湯匙或抹刀的各種裝飾方法。

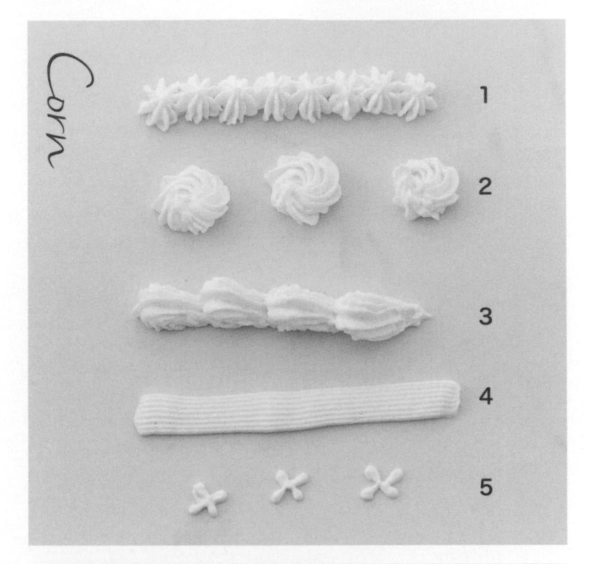

使用擠花袋・紙圓錐

1 垂直往上拉，擠出小朵的奶油花。（星形花嘴）

2 如同畫「の」字般擠出玫瑰花。（星形花嘴）

3 由外而內擠成波浪狀。一邊擠一邊往上提，再往自己的方向迅速拉過來。（星形花嘴）

4 以平均的力道擠出同樣粗細的鮮奶油，由左而右（或由外而內）迅速地一邊拉一邊擠出線條狀。（平口波浪花嘴）

5 從外側往中央輕輕描繪4至5條線，擠出花朵形狀。（紙圓錐）

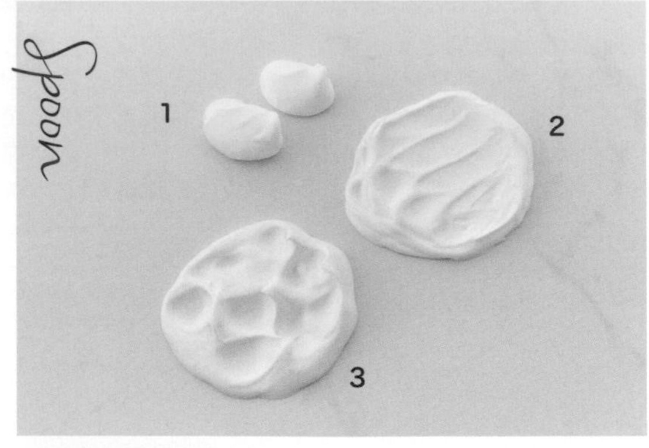

使用湯匙

1 以湯匙舀起鮮奶油，再輕輕倒下，讓鮮奶油形成圓球狀。

2 以湯匙背面左右大幅移動，抹出波浪造型。

3 以湯匙背面由左而右，一邊扭轉手腕一邊抹出造型。

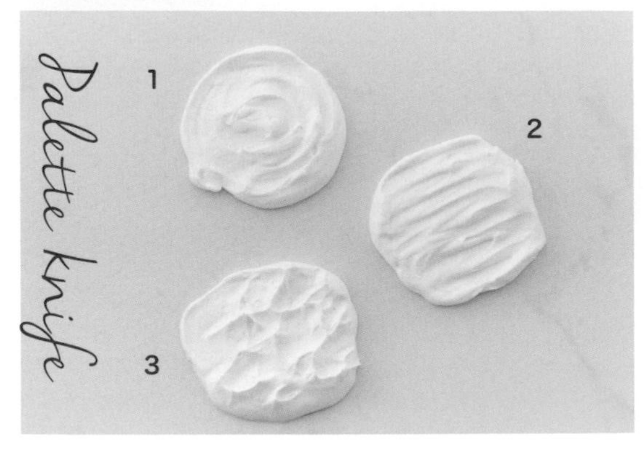

使用抹刀

1 以抹刀從中央向外側抹出漩渦狀的線條。

2 斜向移動抹刀，抹出細線條。

3 以抹刀尖端輕壓再提起，重複以上動作，抹出許多尖角。

Sponge Substitutes

蛋糕基底

用以製作方盤蛋糕、圓頂蛋糕的市售材料。
除了下列材料之外，也可使用吐司或威化餅乾。

原味海綿蛋糕

巧克力海綿蛋糕

蜂蜜蛋糕

手指餅乾

年輪蛋糕

瑞士捲

消化餅乾

奶油夾心巧克力餅乾

千層酥餅乾

椰子奶酥餅乾

丹麥吐司

蛋白餅

Ingredients

可在烘焙材料行購入的材料

1 蘭姆酒
2 榛果巧克力醬
3 黑櫻桃（罐頭）
4 櫻花利口酒
5 杏仁甜酒
6 柑曼怡
7 藍莓利口酒
8 栗子泥
9 瑪薩拉酒
10 櫻桃白蘭地

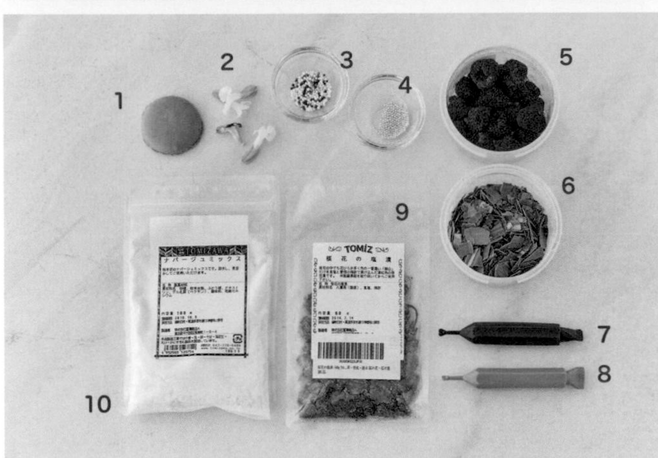

1 馬卡龍餅殼
2 食用花卉
3 彩色糖粒
4 食用銀珠
5 冷凍乾燥覆盆子
6 巧克力碎片
7 巧克力筆（黑色）
8 巧克力筆（粉紅色）
9 鹽漬櫻花
10 鏡面果膠

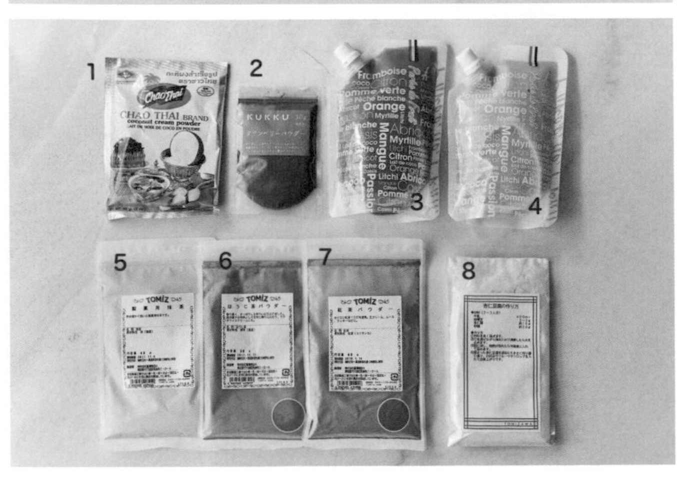

1 椰奶粉
2 蔓越莓粉
3 百香果泥
4 荔枝果泥
5 抹茶粉
6 焙茶粉
7 紅茶粉
8 杏仁霜

主要工具

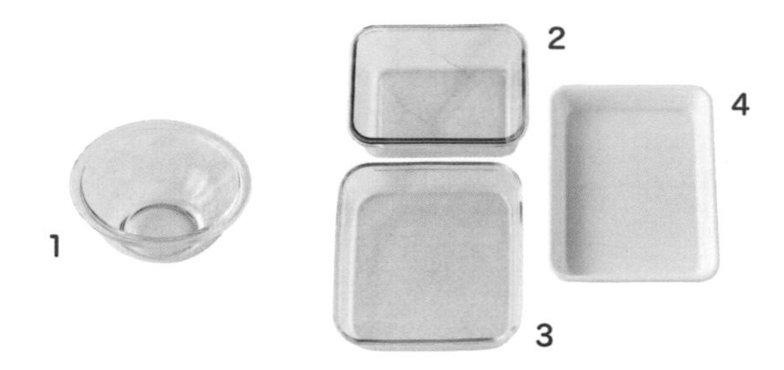

圓頂蛋糕用的調理碗
1 直徑15cm

方盤蛋糕用的方盤
2 16cm×12cm×深7cm 玻璃容器
3 17cm×17cm×深5cm 焗烤盤
4 21cm×16cm ×深3cm 方形烤盤

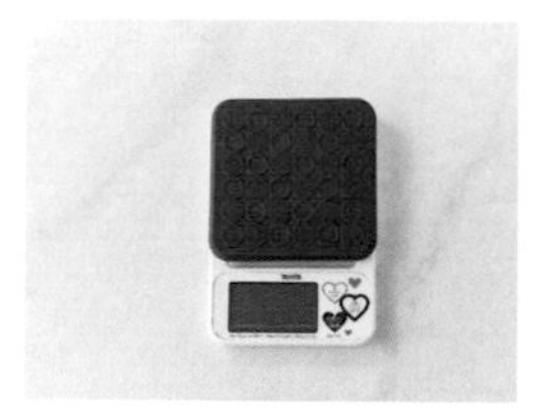

電子秤

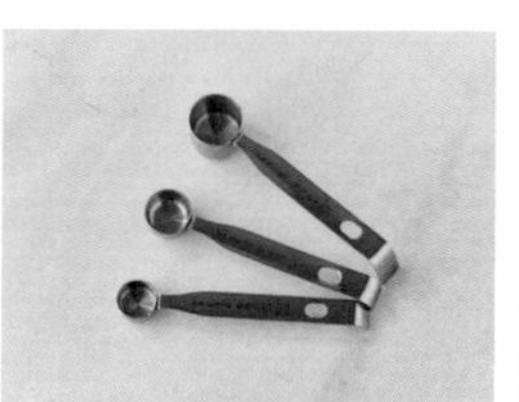

量匙

量杯

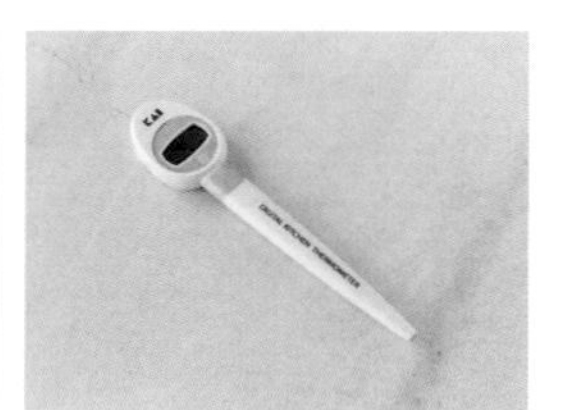

溫度計

粉篩

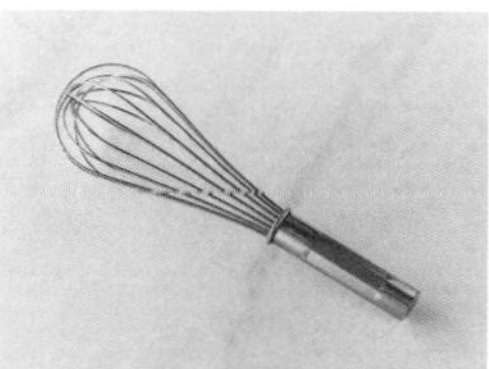

打蛋器

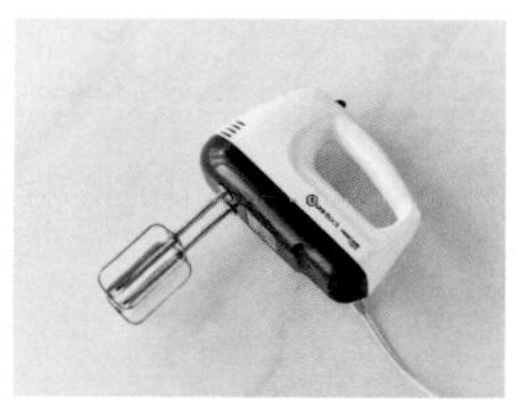

手持式電動攪拌器

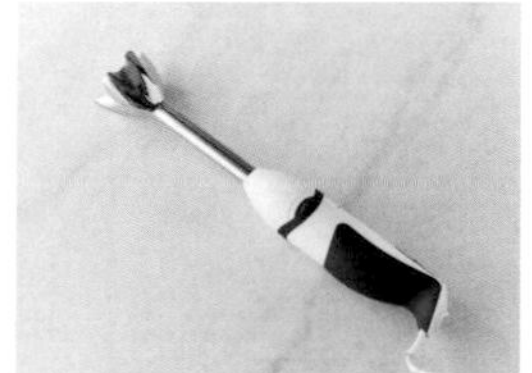

電動攪拌棒

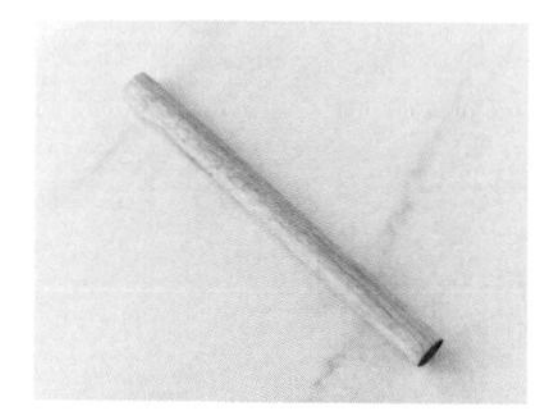

擀麵棍

刮板

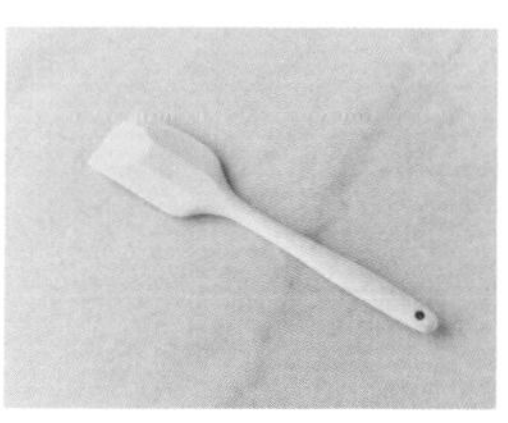

橡膠刮刀

刷子

擠花袋

花嘴（平口波浪花嘴、星形花嘴）

抹刀

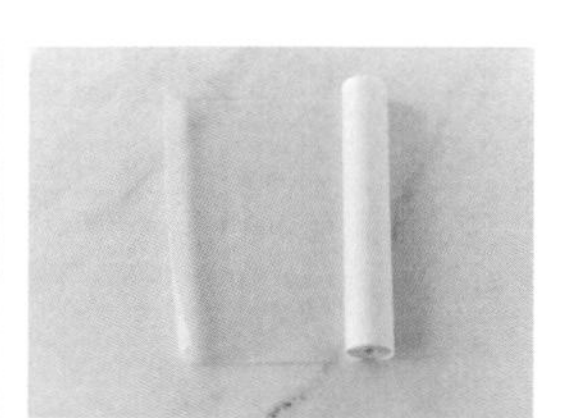

烘焙紙

烘焙良品 89

日本人氣甜點師教你輕鬆作 好看又好吃的免烤蛋糕

作　　者／森崎繭香
譯　　者／黃鏡蒨
發 行 人／詹慶和
總 編 輯／蔡麗玲
執行編輯／陳昕儀
編　　輯／蔡毓玲・劉蕙寧・黃璟安・陳姿伶・李宛真
執行美編／周盈汝
美術編輯／陳麗娜・韓欣恬
出 版 者／良品文化館
發 行 者／雅書堂文化事業有限公司
郵政劃撥帳號／18225950
戶　　名／雅書堂文化事業有限公司
地　　址／220新北市板橋區板新路206號3樓
電子信箱／elegant.books@msa.hinet.net
電　　話／(02)8952-4078
傳　　真／(02)8952-4084

2019年8月初版一刷　定價350元

BOWL YA HOUROU VAT DE TSUKURU YAKAZUNI
TSUKURERU CAKE by Mayuka Morisaki
Copyright © Nitto Shoin Honsha Co., Ltd. 2017 © Mayuka Morisaki
All rights reserved.
Original Japanese edition published by Nitto Shoin Honsha Co., Ltd.

This traditional Chinese language edition is published by arrangement with
Nitto Shoin Honsha Co., Ltd., Tokyo in care of Tuttle-Mori Agency, Inc., Tokyo
through Keio Cultural Enterprise Co., Ltd., New Taipei City.

經銷／易可數位行銷股份有限公司
地址／新北市新店區寶橋路235巷6弄3號5樓
電話／（02）8911-0825 傳真／（02）8911-0801

版權所有・翻印必究
（未經同意，不得將本書之全部或部分內容使用刊載）
本書如有缺頁，請寄回本公司更換

staff

設計／近藤みどり
攝影／鈴木信吾
造型／宮嵜夕霞
調理助手／福田みなみ 宮川久美子
英語校正／古知杏子
構成・編輯／大久保郁織（株式會社グロッシー）

<攝影協力>
UTUWA
Conasu antiques http://conasu.tokyo

國家圖書館出版品預行編目(CIP)資料

日本人氣甜點師教你輕鬆作：好看又好吃的免烤蛋糕 / 森崎繭香著；黃鏡蒨翻譯. -- 初版. -- 新北市：良品文化館出版：雅書堂文化發行, 2019.08
面；　公分. -- (烘焙良品；89)
譯自：焼かずに作れるケーキ
ISBN 978-986-7627-10-0(平裝)
1.點心食譜

427.16　　108007329